青少年手机App

开发微课堂

上海市科技艺术教育中心　组织编写

U0397734

上海科技教育出版社

图书在版编目（CIP）数据

青少年手机 App 开发微课堂 / 上海市科技艺术教育中心组织编写；张琳等编著 . —上海：上海科技教育出版社，2024.2

ISBN 978-7-5428-8084-0

Ⅰ.①青… Ⅱ.①上… ②张… Ⅲ.①移动终端—应用程序—程序设计—青少年读物 Ⅳ.①TN929.53-49

中国国家版本馆 CIP 数据核字（2023）第 254272 号

责任编辑 范本恺
封面设计 符 劼

青少年手机 App 开发微课堂

上海市科技艺术教育中心　组织编写

张　琳　丁力民　姚燕莺　潘志强　编著

出版发行 上海科技教育出版社有限公司
　　　　　（上海市闵行区号景路 159 弄 A 座 8 楼　邮政编码 201101）

网　　址	www.sste.com　www.ewen.co
经　　销	各地新华书店
印　　刷	上海昌鑫龙印务有限公司
开　　本	787×1092　1/16
印　　张	10.25
版　　次	2024 年 2 月第 1 版
印　　次	2024 年 2 月第 1 次印刷
书　　号	ISBN 978-7-5428-8084-0/G·4802
定　　价	78.00 元

前言

Preface

在这个信息爆炸的时代，科技的发展日新月异，手机应用程序（App）已经成为我们日常生活中不可或缺的一部分。随着技术的发展，越来越多的青少年对于编程和开发应用程序产生了浓厚的兴趣。对于青少年来说，掌握App开发技能不仅可以拓宽知识面，还能有助于提升自身的创新能力和实践能力，更好地适应数字化时代。而本书就是为了让更多的青少年轻松了解并掌握App开发技术而编写的。

本书选取了App Inventor作为编程开发的主要工具。App Inventor是一款专为初学者设计的编程软件，它采用了图形化编程的方式，结合App Inventor强大的功能模块，让青少年在无需掌握复杂程序算法的情况下，就能够开发出自己的手机应用。在本书策划时，编写组还认真分析了学校一线教师的实际教学需求，通过设计多个可行性较好的跨学科学习项目进行展现，最终形成融合项目化教学设计与学习案例的章节体系。无论是学生自学或教师教学，都可以从本书获得启发和借鉴。

在本书编写过程中，编写组遵循信息科技新课程标准的精神，引导学生在实际操作中了解手机应用开发的基本原理，逐步理解和掌握App Inventor的功能组件和编程思维，并通过简单的手机应用开发实践，体验将创新思维转化为App产品的完整过程。

本书共分为8章，各章内容概述如下：

第1章从移动互联网、手机应用程序的整体概述帮助青少年厘清其中的关系，通过App Inventor软件的界面、测试环境的介绍帮助初学者迅速入门。

第2-8章主要是App Inventor现有功能模块的介绍和应用。以项目化的教学设计与生动的学习案例展开介绍，每个章节对于教师授课或是学生自学都给出了合理的学习建议。

为了方便读者学习，本书还根据书中给出的案例思路，将可执行的程序代码上传到网络，供用户使用。你只要扫描书上的二维码，就可以将程序下载到本地并导入到软件中，逐条分析学习，体验智能应用开发的乐趣。希望通过本书，不仅能够帮助广大青少年提升计算思维能力，还能进一步强化安卓手机应用开发能力，以期在不久的将来成长为专业的智能移动应用开发者。

在本书的编写过程中，得到过许多专家和学者的支持与帮助，在此对他们的辛勤付出表示衷心的感谢！因本书编写组水平有限，书中难免不足之处，期望各界教学同仁予以批评指正。

希望本书可以帮助广大青少年朋友在编程的道路上越走越远，创造出更多精彩的移动应用程序。

本书编写组

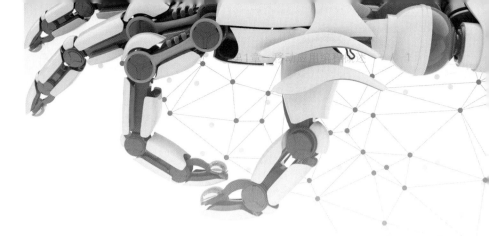

目录

CONTENTS

第1章　移动应用编程概述　/　1

第 1 节　移动互联网与手机应用程序　/　1

第 2 节　App Inventor软件简介　/　4

第 3 节　软件界面　/　5

第 4 节　搭建测试环境　/　11

第 5 节　移动应用设计开发流程　/　17

第2章　基础编程　/　26

第 1 节　身体质量指数测试器　/　26

第 2 节　美丽的校园　/　35

第3章　绘图动画创意编程　/　44

第 1 节　反弹球　/　44

第 2 节　涂鸦板　/　50

第4章　多媒体创意编程　/　60

第 1 节　钢琴哆来咪　/　60

第 2 节　跟我读成语　/　71

第5章　传感器创意编程 / 80

第1节　春之声 / 80

第2节　指南针 / 85

第6章　游戏创意编程 / 90

第1节　打地鼠 / 90

第2节　掌上高尔夫 / 101

第7章　通信创意编程 / 110

第1节　短信自动应答机 / 110

第2节　蓝牙消息收发器 / 117

第8章　人工智能创意编程 / 125

第1节　语音翻译机 / 125

第2节　水果识别器 / 131

附录一：App Inventor 组件 / 140

附录二：App Inventor 内置模块 / 148

第1章　移动应用编程概述

随着移动互联网的迅猛发展，移动应用程序已成为人们生活中不可或缺的一部分。App Inventor作为一个可视化的编程工具，同学们可以方便地使用它创建各种在手机或平板电脑上运行的移动应用程序。在本章中，我们将探索App Inventor软件的功能和特点，并结合实际应用案例，学习如何搭建测试环境，熟悉移动应用设计开发流程。

第1节
移动互联网与手机应用程序

一、移动互联网改变我们的生活

传统互联网的日益成熟，为移动互联网的发展提供了很多基础条件。移动互联网的不断发展，改变了我们的生活方式，提高了效率，拓宽了视野，带来了更多的便利，让生活变得更快乐、更精彩。

移动互联网是指移动通信终端与互联网相结合，成为一体。用户可以使用手机、平板或其他无线终端设备，通过网络，在移动状态下随时随地获取信息，使用各种网络服务。从社会角度来看，移动互联网已经改善了全球经济，推动了各行各业的发展，并给数百万人带来改变人生的机遇。从个人角度来看，移动互联网为普通大众带来了诸多变革和便利。一方面，移动互联网使我们更容易获取信息，不论是新闻、天气、舆情等都可以通过手机实时获取；另一方面，我们还可以通过移动互联网购物、支付账单、上网聊天、查询路线等，给我们的日常生活带来便利。随着移动互联网的发展，大数据技术也得到了迅猛发展，可以分析用户的信息，为其提供更加精准的服务。另外，移动互联网也极大地提高了我们的学习效率，可以通过手机或平板等设备轻松访问网上学习资源，让我们更深入地拓宽知识面。此外，移动互联网还可以让我们参与各种社会活动，更轻松地获取娱乐节目，获得丰富的体验。

图 1-1-1

二、移动终端和操作系统

移动互联网是移动终端和互联网技术相互融合的产物,常见的移动终端类型有手机、平板电脑、智能手表等。

手机的功能主要包括拨打电话、发送短信和上网等。手机还可以安装各种应用程序,如新闻资讯、社交网络、电子邮件、财务管理、旅行预订、照片拍摄和多媒体播放等。平板电脑的功能也类似于手机,但它拥有更大的屏幕,可以满足用户对影片播放和电子书阅读等功能的需求。智能手表主要用于查看信息、提醒日程安排、测量心率、血压和体温等。

图 1-1-2

移动终端如手机和平板电脑可以连接互联网。这些智能设备具有独立的操作系统，用户可以自行安装游戏、导航等第三方应用程序，通过这些程序来扩充设备的功能，并连接移动互联网。

当前，常见的移动终端操作系统有：Android（安卓）、iOS（苹果）、Harmony（华为鸿蒙）等。

Android（安卓）是由 Google（谷歌）公司开发的一种开源操作系统，可运行在各种移动设备上，包括智能手机和平板电脑。Android 系统具有优雅的界面、极快的速度和对用户数据安全性的保护，为用户提供舒适的使用体验。此外，Android 具有强大的开发潜力，方便快速创建应用，而且 Android 应用市场中也提供了大量应用程序供用户选择。Android 还提供了可以让用户在手机上管理文件、邮件、短信、日历等功能，可以让用户轻松地完成工作。

图 1-1-3

图 1-1-4

iOS 是苹果公司开发的一款操作系统，可运行在 iPhone、iPad 以及 iPod Touch 等苹果设备上。iOS 的用户界面非常友好，可以方便用户进行文字输入、拍照编辑等活动。此外，iOS 还拥有丰富的应用，可以帮助用户完成各种任务，如查询天气、学习、看书等。

三、移动应用程序

移动应用程序（App）是一种独立的软件程序，可在智能手机、平板电脑和其他智能设备上运行。App 提供各种功能，如地图导航、音乐播放、财务管理、游戏娱乐、网上购物等服务。通常，App 由开发人员编写，并可以通过智能设备的应用商店下载和安装。

移动应用程序是当前 IT 行业发展的重要方向，正影响着人们生活的各个方面。越来越多的物理设备，例如车辆、家电、可穿戴设备等，通过软件、传感器和网络连接，然后利用移动应用程序控制连接的设备，使人们日常的生活和工作更加便捷。

移动应用程序的核心发展原则在于将用户在使用技术中获得的便捷性、方便性和高效性转化为用户的真实体验。因此，App 的设计不仅要考虑到功能的流畅性和完整性，还要考虑到用户的体验感受，满足用户的需求和期望。

图 1-1-5

第 **2** 节
App Inventor 软件简介

图1-2-1

App Inventor是一种通过构建移动应用程序来学习计算思维和计算行为原理的教育工具软件。全球每年数百万人使用App Inventor，它是计算机科学教育的主要平台之一。简单来说，App Inventor是一款采用拖拽操作的可视化编程工具，主要用于构建运行于移动平台上的应用程序。MIT App Inventor 提供了基于Web的图形界面设计工具，可用于设计应用的外观，然后通过像玩拼图游戏一样将模块拼接在一起来完成应用编程。即使完全不懂编程语言，App Inventor的可视化、积木式编程操作也能帮助孩子将创新的想法与主题转化成实用的移动应用程序，让孩子产生学习兴趣，获得成就感。

一、App Inventor 的发展历程

App Inventor由Google的Mark Friedman和MIT的Hal Abelson教授以及一群Google工程师共同设计完成，于2010年开始运行，并于2010年12月对公众开放。2012年，它被移交给麻省理工学院（MIT）行动学习中心。2013年12月，MIT推出了免装JDK和设置环境变量的真正浏览器版本App Inventor 2。从2020年2月起，开发者将测试应用的软件（AI

图1-2-2　MIT App Inventor之父Hal Abelson教授

Companion）推广到iOS上，用户可在苹果应用商店中下载。如今，MIT App Inventor在195个国家拥有数百万活跃用户，用户数量每天都在增加。

二、App Inventor的特点

1. 开发环境搭建简单：采用浏览器＋云服务模式，无须复杂软件安装。

2. 开发过程方便：移动应用程序的界面设计和行为开发都可以通过可视化的拖放拼接模块来完成，无须关注复杂的语法规则。

3. 组件模块丰富：App Inventor预先设置了不同类型的组件模块，如多媒体类、传感器类，甚至乐高机器人组件。

4. 方便多台机器交叉开发：所有开发代码储存在云端服务器上，方便开发者在任何一台机器上进行开发，并且保证了源代码的一致性和安全性。

5. 支持即时调试：提供了强大的调试功能，调试中代码的变更会自动同步到进行调试的手机或模拟器中，无须重装应用。

第❸节 软件界面

App Inventor是一个可以在电脑浏览器上开发移动应用程序的工具。我们只需要打开浏览器（推荐使用Chrome或Edge的最新版本），输入相应的网址，就可以开始编程了。

一、登录

目前，App Inventor有几个主要的平台，例如app.gzjkw.net、ai2.17coding.net、code.appinventor.mit.edu等。下面以app.gzjkw.net和code.appinventor.mit.edu为例，介绍登录步骤。

（一）app.gzjkw.net平台

该平台由广州市教育信息中心（电教馆）设立，国内访问速度较快。在注册之前，需要准备一个电子邮箱。

打开该平台的网站，我们可以点击"申请新账号/重设密码"按钮，如图1-3-1所示。

图1-3-1　编程平台登录页面

在注册新账号页面中,输入电子邮箱地址,然后点击"发送链接",如图1-3-2所示。

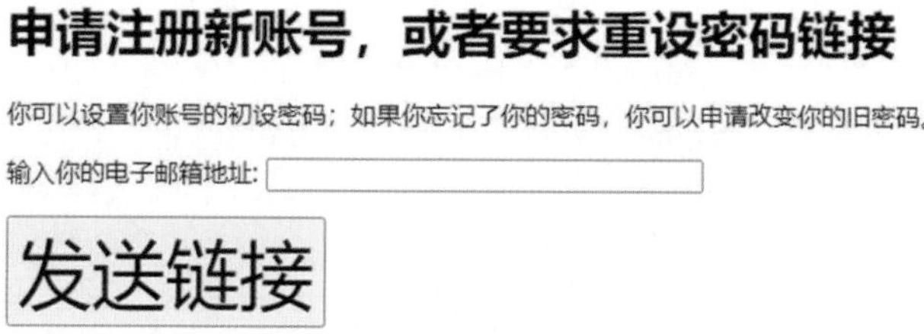

申请注册新账号,或者要求重设密码链接

你可以设置你账号的初设密码;如果你忘记了你的密码,你可以申请改变你的旧密码。

输入你的电子邮箱地址:

发送链接

图1-3-2　填写邮箱地址界面

检查电子邮箱,并通过邮件中的链接设置初始密码或重设密码,如图1-3-3所示。

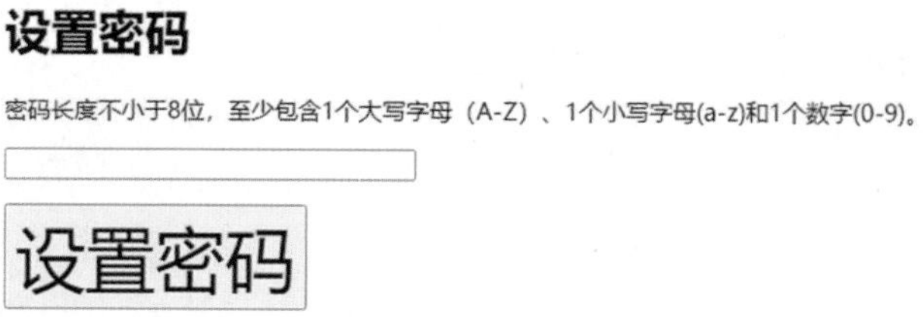

设置密码

密码长度不小于8位,至少包含1个大写字母（A-Z）、1个小写字母(a-z)和1个数字(0-9)。

设置密码

图1-3-3　设置密码界面

设置密码后，就可以使用邮箱地址和密码登录了。

（二）code.appinventor.mit.edu 平台

该平台为麻省理工学院 App Inventor 的官方服务器，平台更新及时。

打开该平台的网站，无须注册，可以直接点击"Continue Without An Account"按钮进入，如图 1-3-4 所示。

Welcome to MIT App Inventor!

Continue Without An Account

or

Your Revisit Code: ☐-☐-☐-☐

Enter with Revisit Code

Login with your Google Account

中文　Português　English

图 1-3-4　编程平台登录页面

进入之后，会弹出一个欢迎对话框，其中包含一串编码，我们可以将这串编码保存下来。以后，我们可以通过登录页面的"Your Revisit Code"的输入框输入该编码，并点击"Enter with Revisit Code"按钮，进入自己的个人账号，如图 1-3-5 所示。

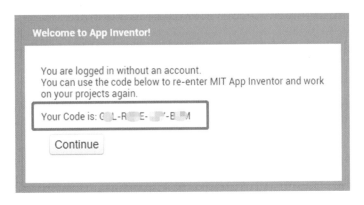

图 1-3-5　欢迎对话框

在使用之前，我们可以通过右上角的语言切换菜单，选择"简体中文"，如图 1-3-6 所示，方便后续操作。

7

图1-3-6　语言切换菜单

二、项目界面

App Inventor 2主要有三个界面：项目界面、组件设计界面和逻辑设计界面。

登录之后，我们首先看到的是"项目界面"，如图1-3-7所示。在这里，我们可以对移动应用程序的项目进行新建、删除、导入、导出等操作。

图1-3-7　项目界面

完成一个移动应用程序之后，我们可以导出项目，如图1-3-8所示，将源文件下载到自己的电脑上备份。系统会将该项目的所有内容生成一个aia格式的文件，方便备份保存。这个文件中包括了各种使用的素材，例如声音、图片、视频等。同时，我们也可以通过"导入项目"的方式，将电脑中的aia格式文件上传到App Inventor中。在"项目"菜单中，我们还可以像其他软件一样，对项目进行删除、保存、另存为等操作。

图1-3-8　导出项目

三、组件设计界面

在项目界面中新建一个项目或点击任意项目后,我们会进入"组件设计界面"。在这个界面上,我们可以设计移动应用程序的外观界面,如图1-3-9所示。

图1-3-9　组件设计界面

组件位于设计器窗口左侧的"组件面板"下方。组件是制作应用程序的基本元素,就像食谱中的成分一样。有些组件非常简单,例如标签组件,它只在屏幕上显示文本,或者按钮组件,可以点击启动相应的操作。还有一些组件比较复杂,例如可以保存静态图像或动画的绘图画布、检测手机移动或晃动的加速度传感器、发送文本消息的组件、播放音乐和视频的组件以及从网站获取信息的组件等。

在选择了组件后,我们需要将其拖放到中间的"工作面板"上。工作面板是最终呈现给用户的应用程序外观。

"组件列表"位于工作面板右上方,显示已添加的组件。下方是"素材"库,可以上传声音、图片等素材。

最右边是"组件属性"设置,可以更改各个组件的外观特征,例如背景颜色、对齐方式、大小尺寸和位置等。

四、逻辑设计界面

点击右上角的"逻辑设计"按钮,可以切换到逻辑设计界面,如图1-3-10所示。在逻辑设计界面中,我们可以进行程序的后台逻辑设计。在这个界面中,我们可以随时点击组件设计按钮,继续进行组件的设计。

图1-3-10　逻辑设计界面

逻辑设计界面的左侧是一个"模块"区域,存放着各种功能的代码模块。我们可以将需要的模块拖放到右侧的"工作面板"中。工作面板中的模块组合起来形成程序的核心。

模块的形状是"凹凸"的,只有匹配的凹凸部分才能拼接起来。当编程正确完成后,就可以赋予移动应用程序各种行为,实现相应的功能。内置模块使用不同的颜色区分,例如"控制"模块是土黄色,"逻辑"模块是黄绿色,"数学"模块是蓝色,"变量"模块是橙色,"文本"模块是玫红色,"列表"模块是浅蓝色,"颜色"模块是灰色,"过程"模块是紫色。

工作面板的左下角显示有项目中出错的模块数量的提示信息,右下角有一个垃圾桶,我们可以将不需要的模块拖放到垃圾桶中进行删除。

第4节 搭建测试环境

我们在初步完成一个移动应用程序后,可以在移动终端(手机、平板)或电脑模拟器上进行测试。App Inventor提供以下三种测试方式,可以快速测试一个移动应用程序。

一、使用移动终端和无线网络进行测试

如果有一台电脑、一部移动终端(苹果或安卓设备)和无线网络,便可以创建和测试移动应用程序了。只需在移动终端上安装"MIT App Inventor Companion"(AI伴侣)程序,并通过无线网络连接测试你自己的应用程序。

在电脑中创建应用程序　　　　在移动终端中进行测试

图1-4-1

若要在创建移动应用程序时对其进行测试,请按照以下步骤在手机或平板电脑上安装"AI伴侣"应用程序。

第1步:在安卓或苹果的移动终端上下载并安装"AI伴侣"应用程序。

安卓版本的"AI伴侣"可以在"帮助"菜单下的"AI伴侣信息"中进行下载，如图1-4-2所示。

图1-4-2　查看AI伴侣信息

苹果版本的"AI伴侣"可以在苹果商店中搜索MIT App Inventor，并进行下载，如图1-4-3所示。

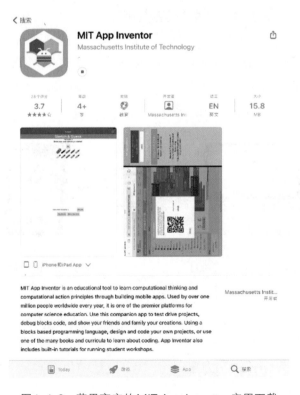

图1-4-3　苹果商店的MIT App Inventor应用下载

▶ Android 和 iOS 版本之间存在一些差异。

第2步：将电脑和移动终端连接到相同的无线网络。

"AI伴侣"将自动显示正在创建的移动应用程序，但前提是电脑和移动终端（AI伴侣）连接到的是同一个无线网络。

第3步：打开 App Inventor 项目并将其连接到移动终端。

在 App Inventor 中，从顶部菜单中选择"连接"→"AI伴侣"，如图1-4-4所示。

图 1-4-4　启动 AI 伴侣

此时带有二维码的对话框将出现在电脑屏幕上。在手机或平板设备上启动"AI伴侣"程序，然后点击"AI伴侣"上的 scan QR code（扫描二维码）按钮，对电脑屏幕上的 App Inventor 窗口中二维码进行扫描，如图1-4-5所示。

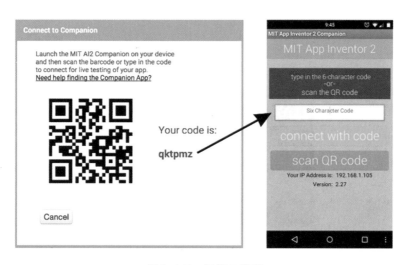

图 1-4-5　扫描二维码

几秒钟内,就会看到手机或平板设备上显示的应用程序界面。它会随着界面设计和模块的更改而更新,该功能称为"实时测试"。

如果在扫描二维码时遇到问题,或者设备没有摄像头,也可以在设备上的文本区域中输入电脑上显示的代码。代码位于电脑屏幕上,由六个字符组成。输入六个字符,然后选择橙色的"connect with code"按钮,即可连接。

二、使用电脑模拟器进行测试

如果没有手机或平板,App Inventor 提供了一个安卓模拟器,它的工作方式与手机上的安卓系统类似,但会显示在电脑屏幕上。因此,我们也可以在电脑模拟器上测试移动应用程序。

在电脑中创建应用程序　　　在电脑的模拟器中进行测试

图 1-4-6

要使用模拟器,首先需要在电脑上安装 MIT App Inventor Tools 软件。

第 1 步:安装 MIT App Inventor Tools 应用程序。

软件下载地址:https://appinv.us/aisetup_win_30_265.exe。

根据提示,在电脑上进行下载和安装,如图 1-4-7 所示。

图 1-4-7　安装 MIT App Inventor Tools 界面

第2步：启动aiStarter。

可以通过单击桌面上的图标来启动aiStarter，如图1-4-8所示。

图1-4-8　Windows上的aiStarter图标

当看到如图1-4-9所示的窗口时，表示已成功启动aiStarter，此界面在运行时不用关闭。

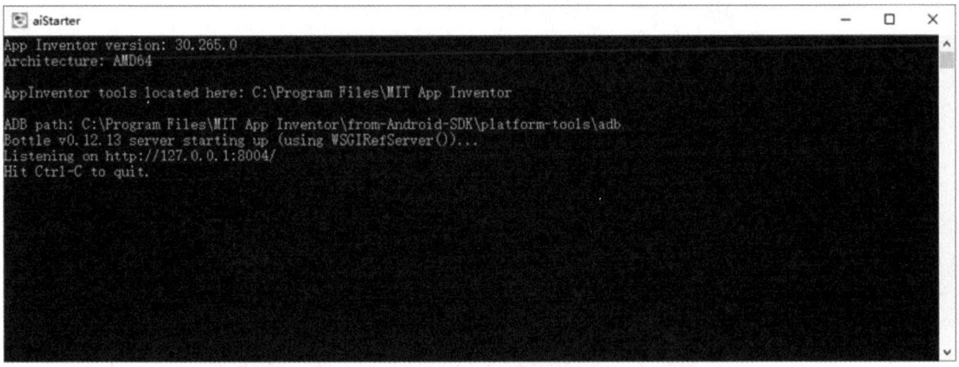

图1-4-9　aiStarter启动界面

第3步：打开App Inventor项目并将其连接到模拟器。

在App Inventor中，从顶部菜单中选择"连接"→"模拟器"，如图1-4-10所示。

图1-4-10　连接模拟器

首次启动模拟器可能需要几分钟时间。模拟器启动时，会看到如图1-4-11所示提示：

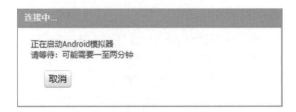

图1-4-11　启动模拟器提示

成功启动后,模拟器将显示在App Inventor中的移动应用程序,如图1-4-12所示。

图1-4-12　模拟器界面

三、使用移动终端和USB数据线进行测试

在电脑中创建应用程序　　　　在移动终端中进行测试

图1-4-13

如果没有无线网络,我们还可以使用安卓设备和USB数据线测试移动应用程序。在Windows操作系统上使用USB数据线来连接App Inventor和安卓设备最大的不便之处就是需要安装驱动程序,并且不同厂家的设备的驱动程序不同。因此,需要查询设备官方网站

来获取驱动程序。

以下是开始使用App Inventor和USB连接线的步骤：

第1步：安装MIT App Inventor Tools应用程序，和方法二相同。

第2步：在移动终端上下载并安装"AI伴侣"应用程序，和方法一相同。

第3步：启动aiStarter，和方法二相同。

第4步：在安卓设备上，打开"系统设置"，选择"开发人员选项"，确保允许"USB调试"。

第5步：使用USB数据线连接安卓设备并调试应用，需要为安卓设备安装驱动程序。安卓设备连接电脑有很多种模式，比如大容量存储设备模式、多媒体设备模式，甚至上网卡模式。App Inventor建议使用大容量存储设备模式来连接电脑，并安装相应的驱动程序。

第6步：打开App Inventor项目并将其连接到移动终端。

在App Inventor中，从顶部菜单中选择"连接"→"USB"，如图1-4-14所示。

图1-4-14　启动USB连接

第 5 节
移动应用设计开发流程

在了解了App Inventor的基础知识之后，我们开始移动应用程序的开发之旅。现在，我们以一个名为"HelloCodi"的移动应用程序为例，来了解一下移动应用的开发流程。

这里的Codi是App Inventor的卡通形象，它是一只小蜜蜂。App Inventor开发团队认为，App开发者和蜜蜂具有许多共同的特点，通过自己的细微努力，能让这个世界变得更加美好！

使用App Inventor开发一款移动应用程序的一般步骤如下：

图 1-5-1

一、项目分析

本程序功能：点击蜜蜂，听到蜜蜂的嗡嗡声，界面如图 1-5-2 所示。

图 1-5-2

二、准备素材

本程序需要一个蜜蜂的图像文件（jpg格式）和一个蜜蜂嗡嗡声的声音文件（mp3格式），如图 1-5-3 所示。

codi.jpg   Sound.mp3

图 1-5-3

三、组件设计

移动应用程序的开发,需要先在App Inventor平台上新建一个项目。在项目界面中,单击"新建项目"按钮,在命名项目对话框中输入项目名称"HelloCodi"并确定,如图1-5-4和图1-5-5所示。

注意 ▶ 项目名称必须以字母开头,后面可以由字母、数字或下画线组成,不能包含空格或中文。

图1-5-4　新建项目

图1-5-5　项目命名

移动应用程序组件的设计过程就是界面的设计过程,所有组件位于组件面板中,包括用户界面、界面布局、多媒体、绘图动画、传感器、社交应用、数据存储、通信连接、机器人、试验组件、拓展插件等十余项类别。设计程序界面时,从组件面板中拖拽所需的组件到工作区域,并在属性面板中设置对应组件的属性值。

当将组件添加到"工作面板"时,它也将显示在右侧的"组件列表"中。组件具有可调整的属性。组件分为屏幕上显示的可视组件和屏幕上不显示的非可视组件两大类。

右侧的属性栏可以更改组件在应用程序中的显示或行为方式。要查看和更改组件属性,必须首先在组件列表中选择所需的组件。

第1步:首先添加一个"按钮"组件,并显示蜜蜂图片。

从组件面板的"用户界面"类别中,拖拽"按钮"组件到工作面板中,如图1-5-6所示。

在"组件属性"的"图像"中,单击文本"无...",然后单击"上传文件"。在弹出的窗口中,选择图像文件,然后单击"浏览",选择图片文件,单击"打开",最后单击"确定",如图1-5-7和图1-5-8所示。

将按钮1的"文本"属性清空,按钮1上就不会再出现文字了,如图1-5-9所示。

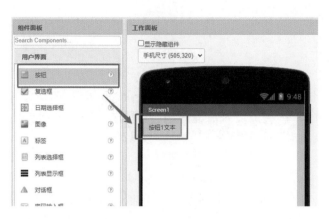

图1-5-6　添加"按钮"组件

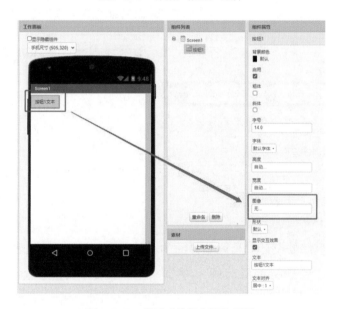

图1-5-7　修改"按钮"组件属性

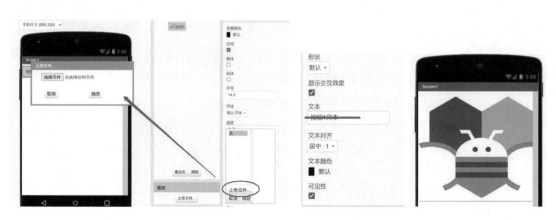

图1-5-8　上传图片　　　　　　　　图1-5-9　清空按钮文本属性

小贴士

组 件 属 性

　　组件属性用于设置组件的大小、颜色、位置、对齐方式等功能。每个组件都有自己的属性,属性可以在组件设计界面中修改,也可以在逻辑设计界面中通过模块进行修改。修改组件属性模块的颜色为深绿色,读取组件属性模块的颜色为浅绿色。

　　第2步:添加一个"标签"组件作为给使用者的提示语。

　　从组件面板的"用户界面"类别中,拖拽"标签"组件到工作面板中,并将其放置在蜜蜂下方,同时将它作为"标签1"显示在组件列表下,如图1-5-10所示。

　　在"标签1"的属性中,将其"文本"属性修改为"触摸蜜蜂"作为提示语。同时修改字体大小为30。另外,根据自己的喜好,还可以修改背景颜色和文本颜色。(注意:如果背景颜色和文本颜色相同,将无法阅读文本。)

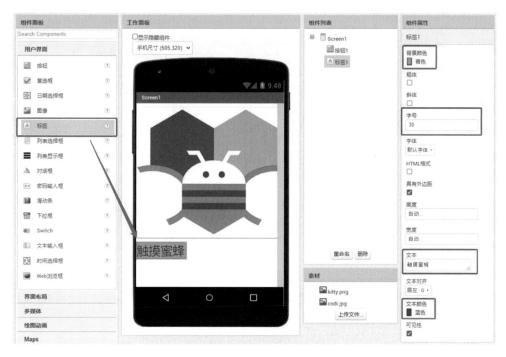

图1-5-10　添加"标签"组件

　　第3步:从组件面板的"多媒体"类别中,拖拽"音效"组件到工作面板中。无论将其拖拽到何处,它都会出现在底部标记为"非可视组件"的区域中,如图1-5-11所示。

　　在"组件属性"的"源文件"中,单击文本"无...",然后单击"上传文件"。在弹出的窗

图 1-5-11　添加"音效"组件

口中,选择声音文件,然后单击"浏览",选择声音文件,单击"打开",最后单击"确定"。我们上传的图片和声音文件同时也会出现在"素材"中,如图1-5-12所示。

图 1-5-12　上传声音

四、逻辑设计

下面开始对应用程序进行编程,点击屏幕右上角的"逻辑设计"按钮,切换到"逻辑设计"界面,如图1-5-13所示。

图 1-5-13

第1步：单击模块面板中的"按钮1"，从中拖拽 模块到工作面板中，如图1-5-14所示。

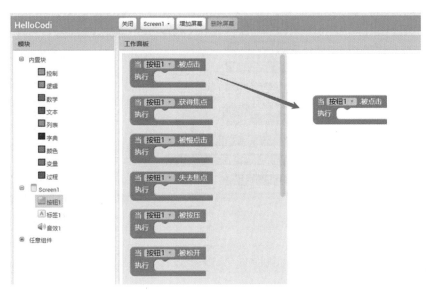

图1-5-14

事件类型模块

黄色模块是程序的事件类型模块，当满足条件时激活其他模块运行。

以日常生活为例，消防队接到火警电话，立即赶赴火灾现场，救助遇险人员，排除险情，扑灭火灾。这里接到火警电话就相当于一个事件，当事件发生后，就会执行后面一系列的行为。

在移动应用程序中还有其他的事件类型，例如摇动手机、在画布上画图、接收到短信等。事件类型模块总在最外层，其他代码块总被"包裹"在里面。

第2步：单击模块面板中的"音效1"并拖拽 调用 音效1 .播放 模块到 当 按钮1 .被点击 执行 模块的内部（执行部分）。这些模块像拼图一样连接在一起，当它们正确连接时，可以听到咔嗒声，如图1-5-15所示。

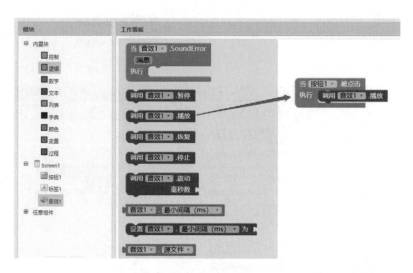

图 1-5-15

小贴士

方法类型模块

紫色模块是程序的方法类型模块,它们放置在事件类型模块的内部。移动应用程序中还有其他的方法类型(例如弹出对话框、播放视频、发送短信等)。方法类型模块不能单独使用,必须在事件类别模块触发后,程序会依次执行里面的方法类型模块。

五、测试应用

利用App Inventor平台创建一个移动应用程序后,需要进行测试是否成功。你可以根据本章第4节,通过手机、平板、无线网络或模拟器的方式测试程序。如果当按下按钮时,听到蜜蜂的嗡嗡声,就表示程序成功运行了。

六、打包应用

当手机、平板或模拟器已连接到App Inventor时,移动应用程序已在设备上实时运行。如果断开设备或关闭模拟器的连接,该应用程序就会消失。

如果想让设备在未连接到App Inventor的情况下也运行应用程序,必须"打包"该应用程序生成应用程序安装包apk文件(Android Package的缩写,仅适用于Android手机)。

单击屏幕顶部的"打包apk"菜单，选择"Android App（.apk）"选项，如图1-5-16所示，便可以生成一个安装包文件了。打包apk文件可以安装在设备上了，也可以将apk文件发送给其他同学，让他们在别的移动终端上进行安装。

图1-5-16

拓展实践

尝试使用"加速度传感器"组件，编程实现"摇晃手机后，也能发出声音"的功能。

图1-5-17

第2章 基础编程

App Inventor作为一种能在安卓移动设备上使用的智能应用开发工具，我们需要将已掌握的编程技能与开发环境相结合，实现有效应用。在本章中，我们将通过一些实践活动，如制作"身体质量指数测试器"和设计"美丽的校园"，来熟悉App Inventor中的编程环境。同时，我们还将了解"水平布局"和"文本输入框"等基本组件，理解程序设计中的变量、选择结构、列表、过程等概念，并能够灵活运用相应的模块进行编程。

第1节
身体质量指数测试器

身体质量指数（Body Mass Index，BMI）是一种衡量人体肥胖程度的指标，它根据体重和身高来计算。BMI的计算对于研究人体脂肪水平非常重要，包括生理学、医学和食品学等在内的许多学科都会使用它作为研究工具。在本活动中，我们将通过制作一个身体质量指数测试器来熟悉开发环境中的常用组件，并运用变量、分支和数学模块等组件来搭建程序。该程序可以根据输入的身高和体重，计算BMI的数值，并根据数值给出相应的提示。

1. 理解"水平布局"和"文本输入框"组件的功能，掌握它们的使用方法。

2. 理解程序设计中变量的概念，能够灵活运用变量模块进行编程。

3.理解程序设计中选择结构的概念,能够灵活运用选择结构模块解决实际问题。

（一）项目分析

在这个应用程序中,用户需要输入身高（单位为米）和体重（单位为千克）的数值,然后点击确认按钮后,程序会自动计算出BMI的数值,并根据数值给予相应的提示。

如果BMI小于18.5,则提示:"太瘦了！多吃点！"

如果BMI大于24,则提示:"偏重了！多运动！"

如果BMI的值在18.5到24之间,则提示:"很健康！继续保持！"

程序界面如图2-1-1所示。

图2-1-1

在本项目中,我们需要完成的主要任务如图2-1-2所示。

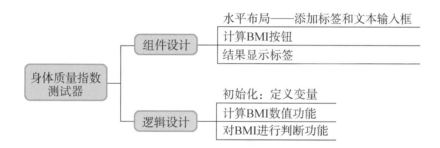

图2-1-2

（二）组件设计

在项目界面中,单击"新建项目"按钮,在命名项目对话框中输入项目名称"BMI"并确定,如图2-1-3所示。

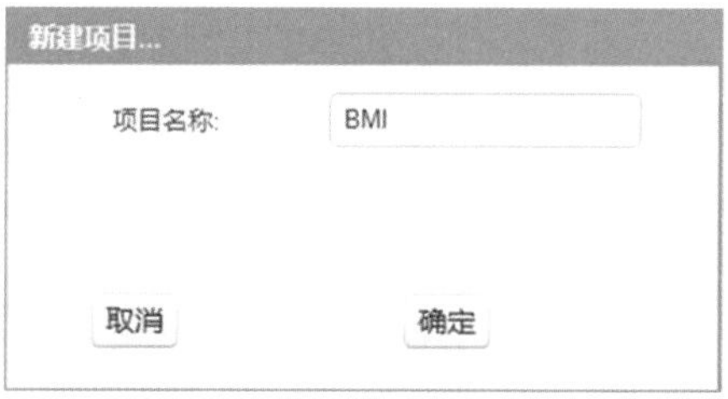

图2-1-3

根据样例界面截图进行组件设计。

1. 修改屏幕标题属性。

将"应用名称"和"标题"修改为"身体质量指数测试器",操作步骤如图2-1-4所示。

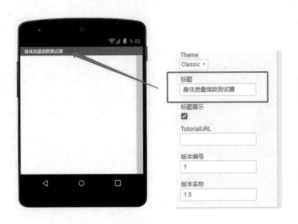

图2-1-4

2. 添加两个"水平布局"组件。

从组件面板的【界面布局】类别中,拖拽2个"水平布局"组件到工作面板中,并将它们的"宽度"属性修改为"充满",如图2-1-5所示。水平布局组件可以实现其内部组件自左向右的水平排列。

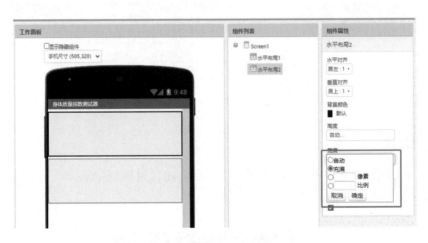

图2-1-5

3. 添加"标签"和"文本输入框"组件。

从组件面板的【用户界面】类别中,拖拽一个"标签"和一个"文本输入框"组件到"水平布局1"组件内,同样方法再将一个"标签"和"文本输入框"组件放置于"水平布局2"组件内,如图2-1-6所示。

图2-1-6

为了避免混淆，我们将"文本输入框1"进行重命名，修改为"身高文本"；将"文本输入框2"进行重命名，修改为"体重文本"，如图2-1-7所示：

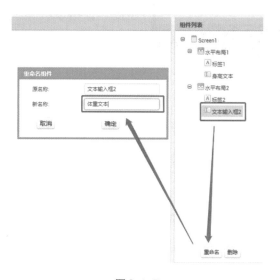

图2-1-7

将"标签1"的"文本"属性修改为"身高(米):""字号"属性修改为20。

将"标签2"的"文本"属性修改为"体重(千克):""字号"属性修改为20。

将"文本输入框1"和"文本输入框2"的"字号"属性修改为20，并将"提示"属性清空。

4. 添加"按钮"组件。

从组件面板的【用户界面】类别中，拖拽一个"按钮"组件到工作面板中，放置于"水平布局2"组件的下方，并重命名为"计算按钮"。

将"计算按钮"组件的"宽度"属性修改为"充满"，"字号"属性修改为20，"文本"属性修改为"计算BMI"，组件属性如图2-1-8所示。

5. 添加"标签"组件，用于显示结果。

我们从组件面板的"用户界面"类别中，拖拽一个"标签"组件到工作面板中，放置于"按钮1"组件的下方。

图2-1-8

将"标签3"组件的"文本"属性清空,"字号"属性修改为20。

在这个应用程序中,有3个"标签"组件,为了避免混淆,将"标签3"进行重命名,修改为"显示结果标签"。

完成上述组件设计后,工作面板和组件列表如图2-1-9所示。

图2-1-9

（三）逻辑设计

下面开始进行应用程序的编程部分。点击屏幕右上角的"逻辑设计"按钮,切换到逻辑设计界面。

1.定义一个名为bmi的全局变量,表示BMI计算的数值。

单击模块面板内置块中的"变量"并拖拽 初始化全局变量 变量名 为 到工作面板中,将变量名修改为"bmi"。

单击模块面板内置块中的"数学"并拖拽 0 到工作面板中,接在 初始化全局变量 变量名 为 右侧,如图2-1-10所示。

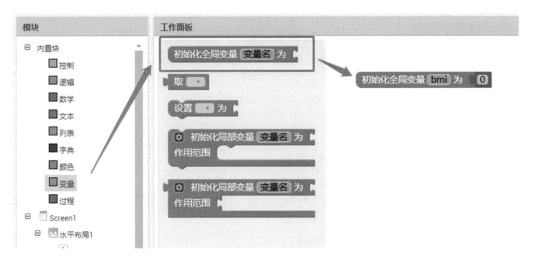

图2-1-10

小贴士

变　　量

变量是程序中的一种抽象概念,它用来存储数据和信息。变量通常包括一个名称和一个值,可以在程序中改变值。变量必须先进行声明,然后才可以使用。

变量分为全局变量和局部变量两大类。全局变量是整个程序都使用的变量,全局变量通常定义在程序的顶层。局部变量只能在声明变量所在的范围内使用。

App Inventor的变量名称必须以英文字母、下画线或中文开头,可包括英文字母、下画线、数字和中文。

初始化变量是需要设定变量的初始值,变量类型可以为数字、文本、逻辑、列表、字典等。

2. 计算BMI数值功能。

单击模块面板中的"按钮1"并拖拽 当 计算按钮 .被点击 执行 模块到工作面板中。

单击内置块中的"变量"并拖拽 设置 为 模块到 当 计算按钮 .被点击 执行 模块的内部，单击模块中的下拉箭头，选择"global bmi"。

拖拽内置块中"数学"的 / 和 ×，Screen1中"身高文本"控件的 身高文本 .文本 模块和"体重文本"控件的 体重文本 .文本 模块，并进行组合，接在 设置 global bmi 为 后面，如图2-1-11所示。

图 2-1-11

3. 对于bmi进行判断，如果是bmi < 18.5则显示BMI数值并给出相应提示。

拖拽内置块中"控制"的 如果 则 否则，如果 则 否则 模块、"数学"的 = 和 0 模块、"显示结果标签"的 设置 显示结果标签 .文本 为 模块到工作面板中，并进行组合，同时将"="修改为"<"，将数值修改为"18.5"。

拖拽内置块中"文本"的 合并字符串 模块，单击 图标，将左侧的字符串拖拽到右侧，可将三个字符串进行合并，如图2-1-12所示。

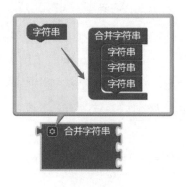

图2-1-12

两次拖拽内置块中"文本"的 模块放在"合并字符串"模块的第一层和第三层,在第一层文本中输入"你的BMI值为",第三层文本中输入",太瘦了!多吃点!"。拖拽内置块中"变量"的 取 模块放在"合并字符串"模块的第二层,单击下拉箭头,选择"global bmi",如图2-1-13所示。

图2-1-13

小贴士

选 择 结 构

一般来说,程序是由语句(模块)组成的,执行程序就是按特定的次序执行程序中的语句(模块)。控制语句通过对程序流程的控制,决定了程序执行的路径,也决定了程序的结构。程序设计的三种基本结构包括顺序结构、选择结构和循环结构。

顺序结构指程序的执行按语句的排列顺序从上到下依次执行,直至结束。

事实上,很多问题的解决并不是简单地依次按顺序执行,有时需要根据条件有选择地处理,就需要使用选择结构。在程序的选择结构中,某些语句会受到条件的制约,根据条件成立与否有选择地执行。选择结构利用条件语句,通过判断表达式的值(True或False),决定程序执行的分支。

以日常生活为例,如果明天不下雨,则小明就去游乐场玩,否则就在家里。这里"明天不下雨"就是条件。根据条件是否成立,决定了明天的行程。

在App Inventor中选择结构有单分支结构、双分支结构和多分支结构多种类型。

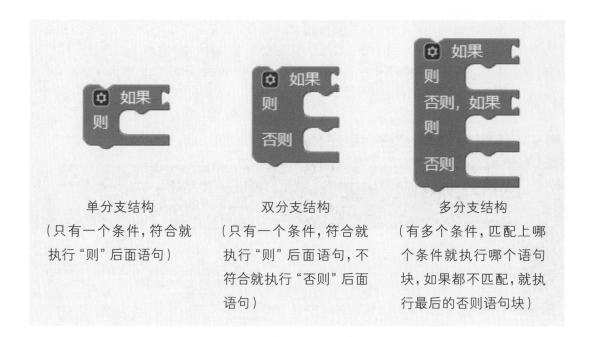

单分支结构
（只有一个条件，符合就
执行"则"后面语句）

双分支结构
（只有一个条件，符合就
执行"则"后面语句，不
符合就执行"否则"后面
语句）

多分支结构
（有多个条件，匹配上哪
个条件就执行哪个语句
块，如果都不匹配，就执
行最后的否则语句块）

4. 对于bmi > 24和正常情况，也显示BMI数值并给出相应提示。

将 取 global bmi < 18.5 进行复制，修改为 取 global bmi > 24，连接到"否则，如果"后面。

将 设置 显示结果标签.文本 为 合并字符串 "你的BMI值为" 取 global bmi "，太瘦了！多吃点！" 复制2次，分别放在"则"和"否则"的后面，并修改相应文本。

完整程序模块如图2-1-14所示。

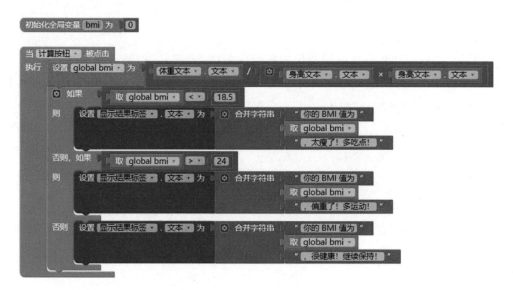

图2-1-14

参考样例思路,在原先程序的基础上,尝试实现在体重偏重或体重偏轻时,显示在原身高下的体重正常范围的功能。另外,尝试实现在点击按钮时文本框为空的情况下,给予用户错误提示的功能。

第2节
美丽的校园

学校是一个充满活力和智慧的地方,它是学习知识、收获经验和拓宽视野的地方。每个学校的校园都各有特色,校园里洋溢着青春的活力,教师们在教室里传授知识,同学们相互帮助,充满友谊和热情。校园不仅有学习的氛围,还有欢乐的气息。大片的绿草地上有许多孩子在玩耍、追逐嬉戏。平时还会聚集在一起打篮球、踢足球等。学校除了花园、操场、图书馆、体育馆之外,还有各类课外活动室,学生可以在课外活动室中参加形式丰富的学生社团活动,既丰富了知识,又使身心得到放松。在本活动中,我们以"美丽的校园"为主题制作一款移动应用程序,将我们的校园展示出来。

1. 理解"图像组件"和"对话框"组件的功能,掌握其使用方法。
2. 理解程序设计中"列表"的概念,能灵活运用列表类别中的模块进行编程。
3. 理解程序设计中"过程"的概念,学会创建过程和调用过程的方法。

（一）项目分析

在这个应用程序中，打开后会显示校园图片，图片上方显示地点的名称，下方显示当前页码数。用户可以按"上一页"和"下一页"按钮进行翻页，如果超出页码范围，程序会进行提示。

程序界面如图2-2-1所示。

图2-2-1

在本项目中，我们需要完成的主要任务如图2-2-2所示：

```
                    ┌── 素材准备 ── 可事先拍摄准备一些学校的场景照片
                    │
                    │                名称标签：用于显示图片的名称
                    │              ┌─────────────────────────────────┐
                    │              │图像组件：用于显示图片              │
            美丽的 ──┼── 组件设计 ──┤水平布局组件：上一页按钮、页面标签、下一页按钮│
            校园     │              │对话框组件：对超出页码切换的提示      │
                    │              └─────────────────────────────────┘
                    │
                    │                初始化：定义序号变量、创建列表
                    │              ┌─────────────────────────────────┐
                    └── 逻辑设计 ──┤创建"更新信息"过程                │
                                   │翻页功能                          │
                                   │对翻页超出页码范围的提示功能        │
                                   └─────────────────────────────────┘
```

图2-2-2

（二）准备素材

本程序可事先拍摄准备一些学校的场景照片，例如：校门口、教学楼、操场、教室、实验室、体育馆等。图片调整为统一的尺寸，按序号进行命名，后缀名统一。

范例使用的图片为6张卡通图片，分别命名为1.png、2.png……6.png。如图2-2-3所示。

图2-2-3

（三）组件设计

在项目界面中，单击"新建项目"按钮，在命名项目对话框中输入项目名称"School"并确定，如图2-2-4所示。

图2-2-4

通过观察样例界面截图，界面中需要添加的组件和相应属性设置如下。

1. 修改屏幕标题属性。

将Screen1的"应用名称"和"标题"属性修改为"美丽的校园"，"水平对齐"属性修改为"居中"。

2. 添加一个"标签"组件，用于显示学校图片的名称。

从组件面板的"用户界面"类别中，拖动一个"标签"组件到工作面板中，将其重命名为"名称标签"，将"字号"属性修改为"30"，并清空"文本"属性，如图2-2-5所示。

3. 添加一个"图像"组件，用于显示校园图片。

从组件面板的"用户界面"类别中，拖动一个"图像"组件到工

图2-2-5

图2-2-6

作面板中,将"宽度"属性修改为"充满"。在"素材"属性中上传所有的图片,如图2-2-6所示。

4. 添加一个"水平布局"组件并在其中添加2个"按钮"组件和1个"标签"组件,用于控制图片翻页和显示页码。

从组件面板的"界面布局"类别中,拖动一个"水平布局"组件到工作面板中,将"水平对齐"属性修改为"居中","垂直对齐"属性修改为"居中",并将"宽度"属性修改为"充满"。

在"水平布局1"组件中添加2个"按钮"组件和1个"标签"组件。将按钮1组件重命名为"上一页按钮",按钮2组件重命名为"下一页按钮",标签组件重命名为"页码标签"。将按钮1组件的文本属性修改为"上一页",按钮2组件的文本属性修改为"下一页",并将文本对齐属性修改为"居中"。

5. 添加一个"对话框"组件,用于超出页码范围时进行提示。

从组件面板的"用户界面"类别中,拖动一个"对话框"组件到工作面板中。请注意,对话框组件是非可视化组件。

最终的工作面板和组件列表如图2-2-7所示。

图2-2-7

(四)逻辑设计

思考开始后的程序模块和点击按键以后的程序模块分别是什么样的流程?

程序开始后,将页码编号定为1,并更新显示图片、名称和页码信息。按"下一页"按钮后,页码变量在原基础上增加1,同时判断页码是否大于6,如果大于6则将页码改到6,并进行提示,最后更新显示图片、名称和页码信息。按下"上一页"按钮的流程类似,流程图如图2-2-8所示。

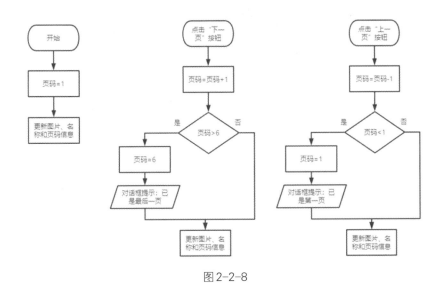

图 2-2-8

下面开始对应用程序进行编程,点击屏幕右上角的"逻辑设计"按钮,切换到"逻辑设计"界面。

1. 定义一个名为"序号"的全局变量,表示图片的序号。

单击模块面板内置块中的"变量"并拖拽 `初始化全局变量 变量名 为` 到工作面板中,将模块中的"变量名"修改为"序号"。拖拽 `0` 模块接在 `初始化全局变量 变量名 为` 右侧,并将数字修改为1。程序如图2-2-9所示。

`初始化全局变量 序号 为 1`

图 2-2-9

2. 再定义一个名为"名称"的全局变量,使用列表的方式表示图片的名称。

再拖拽一个 `初始化全局变量 变量名 为` 到工作面板中,将模块中的"变量名"修改为"名称"。单击模块面板内置块中的"列表"并拖拽 `创建列表` 接在 `初始化全局变量 变量名 为` 右侧,单击 图标,将列表中的列表项增加到6个,如图2-2-10所示。

拖拽6个"文本"的 `" "` 模块分别放在"创建列表"模块的第一层至第六层,并根据图片文件序号对应的所在地点名称,按顺序从上到下依次输入"校门""操场""教学楼""教室""实验室""体育馆"等文字,如图2-2-11所示。

图2-2-10

图2-2-11

小贴士

列　表

移动应用程序通常使用变量来存储数据,如果有大量相同类型的数据存储,会需要使用很多的变量,耗费很多的模块,同时影响效率。在App Inventor中,我们可以使用列表来解决存储大量同类型数据的问题。

列表是一组类型相同的变量集合,列表中的数据是一个接着一个存放的。创建列表时,需要确定一个列表变量名称,这个就是该列表的标志。列表中的每一个数据称为列表项或元素,每一个列表项都相当于一个变量。因为各列表项都是按顺序存储的,因此利用列表项所在列表中的位置编号(索引值),就可以获取指定的列表项内容了。

以日常生活为例,学生名单相当于一个列表,学生姓名相当于列表项,学号相当于索引值,知道学号也就能获取学生姓名了。

3. 创建一个"更新信息"过程。

本程序中,如果我们在打开程序时、按下一页时和按上一页时都需要更改图片、更改图片名称和图片页码,那么我们可以编写一个过程,可以在后面编程时随时根据"页码"变量更新信息。

单击模块面板内置块中的"过程"并拖拽 ⟨定义过程 过程名 执行语句⟩ 到工作面板中,将模块中的"过程名"修改为"更新信息"。

在过程中,拖拽更改标签文本、更改图像图片、合并字符串和选择列表中索引值等模块进行组合。程序如图2-2-12所示。

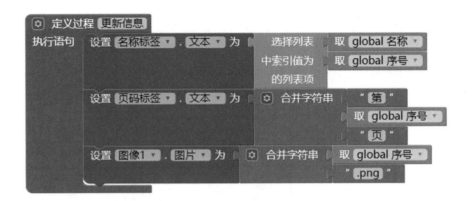

图 2-2-12

过　程

App Inventor除了提供内置块外,还提供一种功能扩展的方法,向语言中添加新的子程序模块,也就是定义过程。过程可以通过命名一些顺序执行的块来实现功能的扩展。应用程序可以像调用App Inventor中的内置块一样,随时调用这些过程。创建这样抽象过程的能力对于解决复杂问题是非常重要的。

以日常生活为例,接待客人时主人要"泡茶",实际包括了"煮水、洗杯、投茶、注水冲泡、倒茶、奉茶"等一系列步骤,这里的"泡茶"就相当于一个过程,是一系列动作的名称。

4. 程序初始化。

打开程序后,进行初始化,并显示第一张图片。

单击模块面板Screen1并拖拽 ▭当 Screen1 初始化 执行 ▭ 到工作面板中,拖拽"过程"中 调用 更新信息 模块到"当Screen1初始化"模块的内部。因为在定义"序号"变量时,已经赋值为1,因此在屏幕初始化以后,图片、名称和页码都会更新为第一张图片的信息。程序如图2-2-13所示。

5. 翻页功能。

以"下一页按钮"为例,当按钮被点击时,需要将"序号"变量赋值为原"序号"变量增加1,同时调用更新信息过程,更新图片、名称和页码的信息须和"序号变量"一致。程序如图2-2-14所示。

图 2-2-13

图 2-2-14

6. 对翻页超出页码范围的提示功能。

在按下一页时，如果页码数超过了6，则使用对话框进行提示"已经是最后一页"。同时将"序号"变量赋值为6。这里用到了"如果，则"模块的单分支结构。程序如图2-2-15所示。

图 2-2-15

"上一页按钮"的程序和本段模块类似，请同学们自行将"下一页按钮被点击"这一部分复制后进行修改。

完整程序模块，如图2-2-16所示。

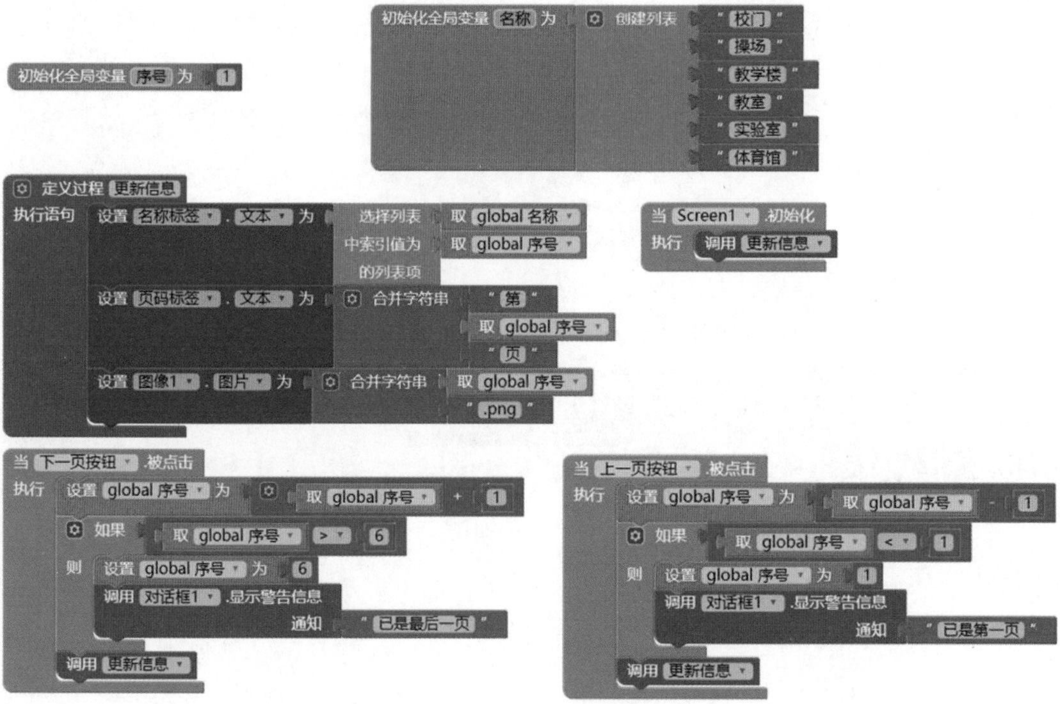

图 2-2-16

参照样例思路,在本活动原先程序的基础上,尝试实现照片自动循环播放功能。

拓展练习

简易计算器

计算器是近代人发明的一种能够进行数字运算的机器。当我们遇到较大数字的计算需求时,计算器使得我们能够快速解决算术问题。随着移动设备的普及,计算器也作为手机的内置应用程序之一,成为我们身边非常熟悉的算术工具之一。

现在,请同学们根据下图的应用程序界面,选择合适的组件进行编程设计,以实现一个可以进行简单数字运算的计算器。

图2-2-17

第3章　绘图动画创意编程

画画和看动画不仅可以提高青少年的记忆力和观察力，还可以发挥他们的天性，让他们在自由创作中享受创造的乐趣。

在本章中，我们将通过实践活动，例如反弹球和涂鸦板，来熟悉绘图和动画类应用的创作。我们将使用App Inventor中的绘图动画组件来构建完整的界面，然后给出正确的指令，这样就能快速设计一个具有绘图或动画功能的安卓移动应用了。

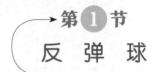

第1节　反 弹 球

在这个活动中，小球会在屏幕上弹跳，我们需要控制一个小挡板，防止小球掉落到底边。通过这个活动，我们可以学习如何在App Inventor中实现动画效果。

1. 了解运动对象必须放置在画布上，画布是动画类应用中必需的组件。
2. 掌握图像精灵组件中的"被拖动"事件和"被碰撞"事件。
3. 掌握球形精灵组件中的"到达边界"事件。
4. 学会使用随机数代码块。
5. 学会使用对话框组件中的"显示消息对话框"方法。

（一）项目分析

在这个项目中,我们将创建一个反弹球 App,需要完成以下主要任务。

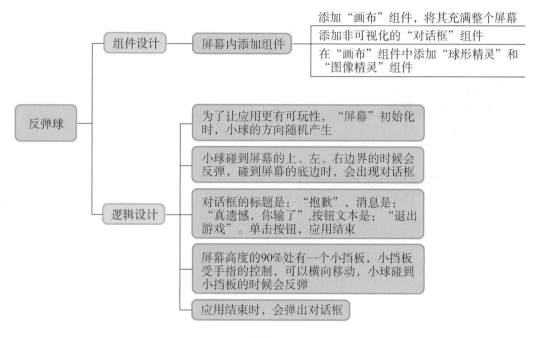

图 3-1-1

（二）组件设计

1. 开始一个新的项目。

创建一个名为"Ball"的新项目(如图 3-1-2)。

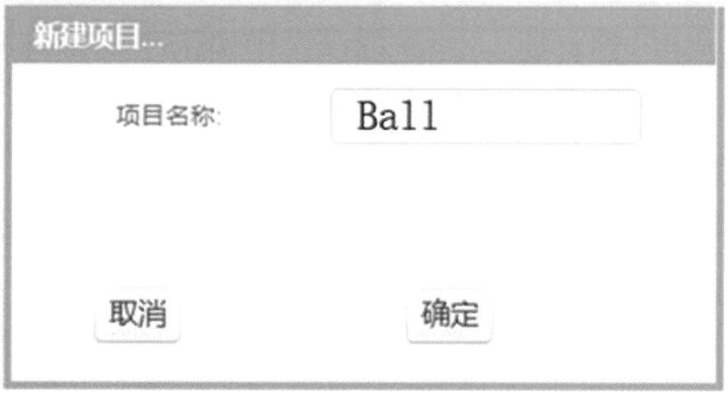

图 3-1-2

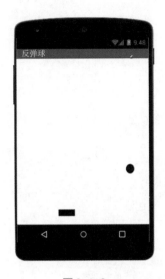

图3-1-3

2. 观察样例，思考界面布局样式。

观察样例界面截图，我们发现在完成一个简易计算器App时，界面中需要包含哪些内容？

反弹球的界面相对简洁：画布充满整个屏幕，上面有两个可视组件——球形精灵和图像精灵。另外，屏幕上还有一个非可视组件——对话框，用于结束应用，如图3-1-3。

3. 界面设计。

我们可以从左侧的【界面布局】中依次拖放"画布""球形精灵""图像精灵"和"对话框"到"Screen1"屏幕上，来实现应用的布局（如图3-1-4），这些组件将在组件列表中分别显示为"画布1""球形精灵1""图像精灵1"和"对话框1"（如图3-1-5）。

图3-1-4

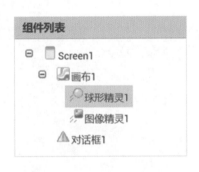

图3-1-5

在添加过程中，"画布"组件属性中的"高度"值设为充满，"宽度"值设为充满（如图3-1-6）。

"图像精灵"组件属性中"图片"值设为："dangban.jpg"（如图3-1-7）。

"球形精灵"组件属性中"方向"值设为20，"半径"值设为15（如图3-1-8）。

"对话框"组件属性选用默认值（如图3-1-9）。

（三）逻辑设计

1. 在开始"反弹球"应用时，我们需要为"屏幕"中的两个组件指定初始值，以确保"球

组件属性	图像精灵1		
画布1	启用 ☑	球形精灵1	
背景颜色 ☐ 透明	方向 0	启用 ☑	
背景图片 无...	高度 自动...	方向 20	
字号 14.0	宽度 自动...	间隔 100	
高度 充满...	间隔 100	画笔颜色 ■ 默认	
宽度 充满...	图片 dangban.jpg...	半径 15	
线宽 2.0	旋转 ☑	速度 0	对话框1
画笔颜色 ■ 默认	速度 0.0	可见性 ☑	背景颜色 ■ 默认
文本对齐 居中：1 ▾	可见性 ☑	X坐标 171	显示时长 长延时 ▾
可见性 ☑	X坐标 170	Y坐标 21	文本颜色 ☐ 默认
	Y坐标 370	Z坐标 1.0	
	Z坐标 1.0		

图 3-1-6	图 3-1-7	图 3-1-8	图 3-1-9

形精灵"和"图像精灵"准备就绪,这个过程被称为"初始化"。

（1）应用应当有可玩性,小球的方向要随机。我们在逻辑设计面板中找到【模块】中的【Screen1】,点击打开【球形精灵1】,拖拽 设置 球形精灵1▾ . 方向▾ 为 ;再点击【内置块】中的【数学】,拖拽 随机整数从 1 到 100 积木块,修改取值范围为"30""150",并与前者连接,完成对"球形精灵1"的"方向"属性的赋值（如图3-1-10）。

图 3-1-10

（2）应用应当能更灵活,可用数值控制小球的速度为10。在【球形精灵1】中拖拽 设置 球形精灵1▾ . 速度▾ 为 ,与【数学】中的 0 连接,并修改数值为"10",形成对"球形精灵1"的"速度"属性的赋值（如图3-1-11）。

图 3-1-11

（3）应用应当适合多种设备，调整小挡板的位置在屏幕高度的90%处。在【数学】中拖拽  ，将 [Screen1 ▾ . 高度 ▾] 和 [0.9] 填入缺口，再和【图像精灵1】中的 [设置 图像精灵1 ▾ . Y坐标 ▾ 为]，拼接成对"图像精灵1"的"Y坐标"属性的赋值（如图3-1-12）。

设置 图像精灵1 ▾ . Y坐标 ▾ 为 [⚙ [Screen1 ▾ . 高度 ▾] × [0.9]]

图3-1-12

（4）在完成了对"球形精灵1"的"方向"和"速度"属性的赋值，以及"图像精灵1"的"Y坐标"的赋值的基础上，我们从【模块】中的【Screen1】中拖拽出 [当 Screen1 ▾ . 初始化 执行]，嵌入图10、图11、图12三个积木组合，完成"屏幕"初始化（如图3-1-13）。

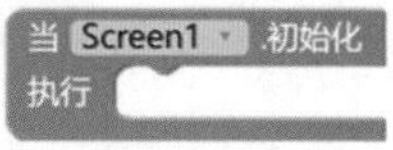

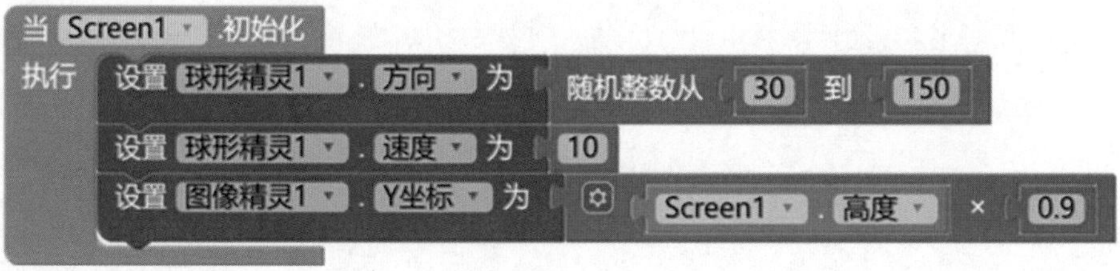

当 Screen1 ▾ . 初始化
执行 设置 球形精灵1 ▾ . 方向 ▾ 为 [随机整数从 [30] 到 [150]]
　　 设置 球形精灵1 ▾ . 速度 ▾ 为 [10]
　　 设置 图像精灵1 ▾ . Y坐标 ▾ 为 [⚙ [Screen1 ▾ . 高度 ▾] × [0.9]]

图3-1-13

2. 小球碰到屏幕的上、左、右边界的时候会反弹，碰到屏幕的下边界时，要出现结束应用的对话框（如图3-1-14）。

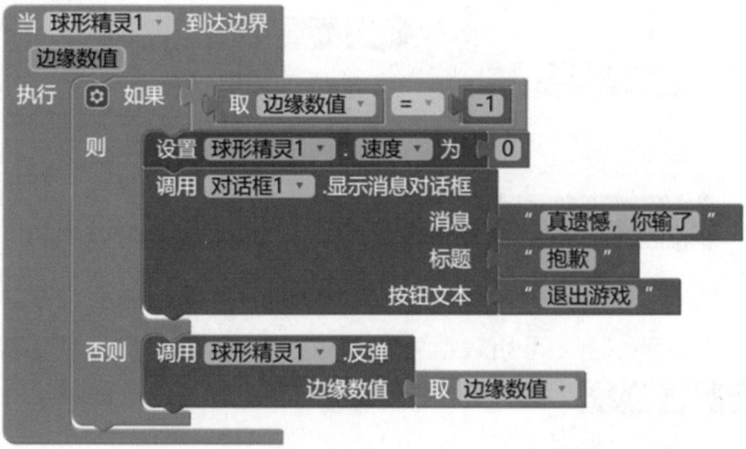

当 球形精灵1 ▾ . 到达边界
　 边缘数值
执行 ⚙ 如果 [取 边缘数值 ▾] [= ▾] [-1]
　　 则 设置 球形精灵1 ▾ . 速度 ▾ 为 [0]
　　　　 调用 对话框1 ▾ . 显示消息对话框
　　　　　　　　　　　　　　　消息 " 真遗憾，你输了 "
　　　　　　　　　　　　　　　标题 " 抱歉 "
　　　　　　　　　　　　　　按钮文本 " 退出游戏 "
　　 否则 调用 球形精灵1 ▾ . 反弹
　　　　　　 边缘数值 [取 边缘数值 ▾]

图3-1-14

小贴士

App Inventor 使用 "边缘数值" 这个局部变量来传递球体到达的边界。App Inventor 对屏幕边缘数值的定义如下表所示。(如图3-1-15)

位　置	数　值
上边	1
右上角	2
右边	3
右下角	4
下边	−1
左下角	−2
左边	−3
左上角	−4

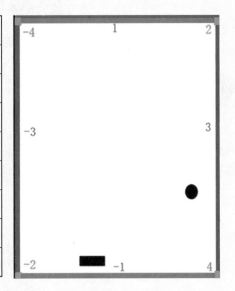

图3-1-15

3. 小挡板可以在手指的操控下进行横向移动(如图3-1-16)。

图3-1-16

4. 当小球碰到小挡板时,它会反弹(如图3-1-17)。

图3-1-17

5. 当单击对话框中的"退出游戏"按钮时,应用会结束(如图3-1-18)。

图3-1-18

结合变量,我们可以新增积分功能,也可以利用变量来改变小球的速度,实现动态调整难度的效果。此外,我们还可以从增加吃小球的怪物或为小球增加能量等角度入手,赋予应用更多个性化的设计,使之更具趣味性。

第❷节
涂 鸦 板

脑海中闪过画面,手边没有纸笔怎么办?涂鸦板满足你快速绘图的需求。它能够将图像作为画布的底图,并调整画笔的形状和颜色。在此基础上,你可以完全根据自己的想象力来创作各种图案。

1. 能够使用"画布"组件绘制图画。

2. 能够处理屏幕触摸和拖拽事件。

3. 使用"界面布局"组件来控制屏幕的外观。

4. 使用带有参数的事件处理程序。

5. 定义变量来保存某些状态,例如用户绘制的圆点的大小。

（一）项目分析

在本项目中,我们将完成一个涂鸦板应用,需要完成以下主要任务。

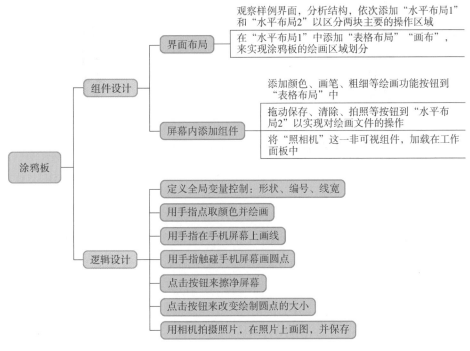

图 3-2-1

（二）组件设计

1. 开始一个新的项目。

新建项目,以"Drawing"命名(如图3-2-2)。

图3-2-2

2.观察样例,思考界面布局样式。

观察样例界面截图,我们可以得出完成一个涂鸦板的界面,需要在应用界面中包含以下内容。

图3-2-3

涂鸦板的界面分成两个区域:上半部分的左侧有8个按钮,单击4个颜色按钮,可改变画笔的颜色;选择直线工具,可以绘制实线;选择点工具,可以绘制虚线;单击"加粗"按钮一次,线条宽度增加10像素;同理,单击"减细"按钮一次,线条宽度减少10像素,默认线条宽度为1像素。下半部分有3个按钮居中布置:单击"保存"按钮将绘制的作品保存为文件;单击"清除"按钮将删除涂鸦板上的内容;单击"拍照"按钮将启动相机拍摄照片,可在照片上画图。

3.界面布局。

(1)我们可以通过从左侧【界面布局】依次拖拽两个"水平布局"到屏幕"Screen1"中,实现基础界面的布局(如图3-2-4)。如此操作后,组件列表中将出现"水平布局1"和"水平布局2"(如图3-2-5)。

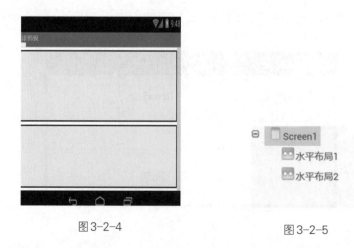

图3-2-4   图3-2-5

在添加过程中,"Screen1"组件属性中的"标题"值设为涂鸦板,"屏幕方向"值设为
"锁定横屏"(如图3-2-6)。

"水平布局1"组件中"水平对齐"属性设置为:居左,"高度"值设为充满,"宽度"值设
定为充满(如图3-2-7)。

"水平布局2"组件中"水平对齐"属性设置为:居中,"高度"值设为自动,"宽度"值设
定为充满(如图3-2-8)。

屏幕方向	水平布局1	水平布局2
锁定横屏 ▾	水平对齐	水平对齐
	居左:1 ▾	居中:3 ▾
允许滚动		
☐	垂直对齐	垂直对齐
以JSON格式显示列表	居上:1 ▾	居上:1 ▾
☐		
	背景颜色	背景颜色
状态栏显示	■ 默认	■ 默认
☑		
窗口大小	高度	高度
固定大小 ▾	充满...	自动...
Theme	宽度	宽度
Classic ▾	充满...	充满...
标题	图像	图像
涂鸦板	无...	无...
标题展示	可见性	可见性
☑	☑	☑

| 图3-2-6 | 图3-2-7 | 图3-2-8 |

(2)在"水平布局1"中添加"表格布局"和"画布"组件(如图3-2-9)。前者布置8个
按钮,后者明确绘画区域。

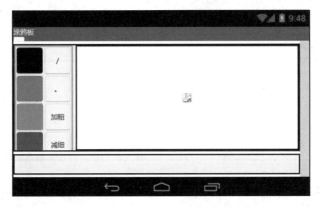

图3-2-9

在添加"表格布局"组件的过程中,行数和列数属性,分别设置为:2、4(如图3-2-10)。"画布1"的宽度和高度属性设置为"充满..."(如图3-2-11)。

图 3-2-10　　　　　　　　　　图 3-2-11

通过以上操作,涂鸦板应用的结构框架已经成型。

4. 屏幕内添加功能组件。

(1)从用户界面中拖动8个按钮添加到"表格布局1"中(如图3-2-12),并调整按钮的属性(如表3-2-1),以明确8个按钮的功能。

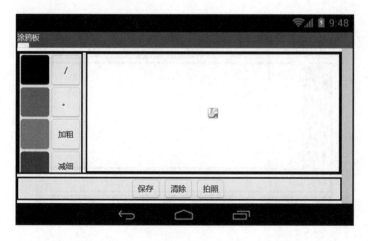

图 3-2-12

表3-2-1

按 钮 名	作 用	属 性 名	属 性 值
Black	黑色	背景颜色	黑 色
		高 度	45像素
		宽 度	45像素
Red	红色	背景颜色	红 色
		高 度	45像素
		宽 度	45像素
Green	绿色	背景颜色	绿 色
		高 度	45像素
		宽 度	45像素
Blue	蓝色	背景颜色	蓝 色
		高 度	45像素
		宽 度	45像素
Line	画线	文 本	/
		高 度	45像素
		宽 度	45像素
Dot	画点	文 本	。
		高 度	45像素
		宽 度	45像素
Add	加粗	文 本	加 粗
		高 度	45像素
		宽 度	45像素
Thin	减细	文 本	减 细
		高 度	45像素
		宽 度	45像素

（2）拖动3个按钮到"水平布局2"（如图3-2-13），调整属性（如表3-2-2），以实现保存、清除、拍照等操作。

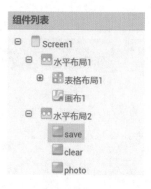

图3-2-13

表3-2-2

按 钮 名	作　　用	属 性 名	属 性 值
Save	保　存	文　本	保　存
Clear	清　除	文　本	清　除
Photo	拍　照	文　本	拍　照

（3）从"多媒体"组件面板中,拖拽"照相机"这一非可视组件,加载到工作面板中（如图3-2-14）。

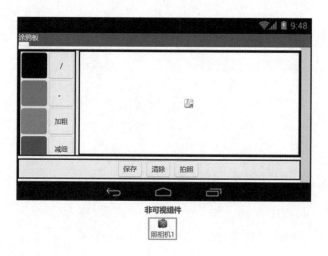

图3-2-14

（三）逻辑设计

1.声明全局变量。

当我们在画板上进行绘画时,画笔的形状和粗细都不同。在保存文件时,我们希望能够为图形文件自动编号并设置一个默认的文件名。为此,我们需要定义三个全局变量:画笔形状、画笔大小和文件编号。

在逻辑设计面板中找到【模块】中的【内置块】,点击打开【变量】,拖拽3个 `初始化全局变量 变量名 为` 积木块,修改变量名为"画笔大小""画笔形状""文件编号"。再点击打开【数字】,拖拽3个蓝色 `0` ,与变量名连接,修改数值,完成全局变量的初始赋值（如图3-2-15）。

2.单击颜色按钮,将画笔颜色设置为相应的颜色（如图3-2-16）。

3.单击"/"或"。"按钮时,设置"画笔形状"变量值（如图3-2-17）。

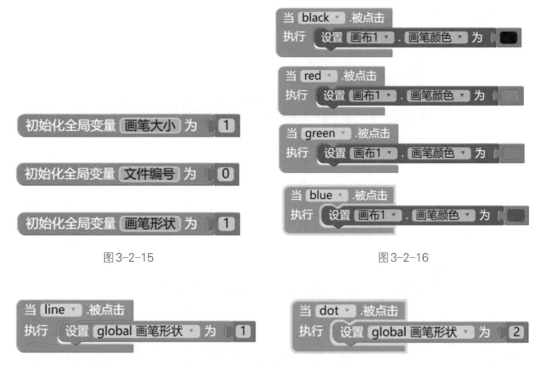

图 3-2-15

图 3-2-16

图 3-2-17

4. 单击"加粗"或"减细"按钮时,设置"画笔大小"变量值(如图3-2-18)。

图 3-2-18

5. 单击"拍照"按钮,实现拍照功能,并将照片设置为画布的背景图片(如图3-2-19)。

图 3-2-19

6. 单击"清除"按钮,重新设置画布的"背景图片"这一属性,调用画布的"清除画布"方法,删除画布的内容(如图3-2-20)。

图3-2-20

7. 单击"保存"按钮,调用画布的"另存"方法,将当前画布内容保存为以"文件编号"命名的文件。同时画布上将用文本的形式显示文件保存的路径(如图3-2-21)。

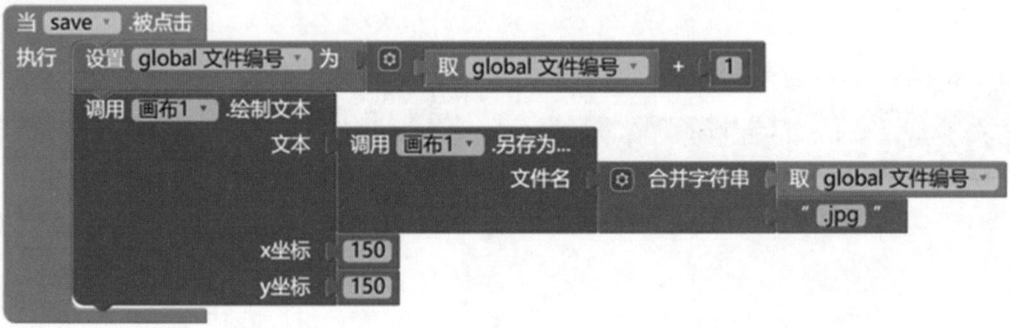

图3-2-21

8. 当"画笔形状"变量的值为1时,手指在屏幕上拖动,将沿着手指移动的路径绘制出一条线。当"画笔形状"变量的值不为1时,将画出一个个点(如图3-2-22)。

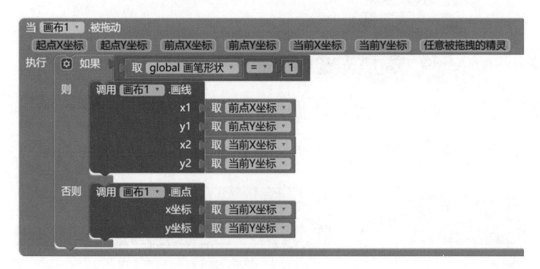

图3-2-22

拓展思考

我们可以增加更多的画笔类型,如画圆、写字等,以使绘图更加灵活多样;我们还可以使用"滑动条"组件来调整画笔的大小,以提供更友好的用户体验;此外,通过修改手机图库中的图片,我们还能进一步扩展绘图板的应用范围。

拓展练习

保 卫 地 球

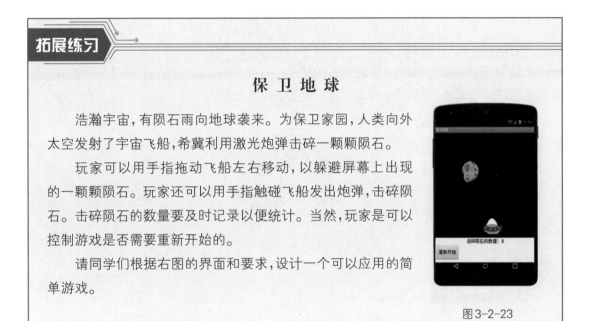

浩瀚宇宙,有陨石雨向地球袭来。为保卫家园,人类向外太空发射了宇宙飞船,希冀利用激光炮弹击碎一颗颗陨石。

玩家可以用手指拖动飞船左右移动,以躲避屏幕上出现的一颗颗陨石。玩家还可以用手指触碰飞船发出炮弹,击碎陨石。击碎陨石的数量要及时记录以便统计。当然,玩家是可以控制游戏是否需要重新开始的。

请同学们根据右图的界面和要求,设计一个可以应用的简单游戏。

图3-2-23

第4章 多媒体创意编程

App Inventor作为一种能够在安卓移动设备上使用的智能应用开发工具,需要我们将已经掌握的编程技能有效地应用到开发环境中。在本章中,我们将通过一些练习活动,如弹钢琴和跟读成语等,来熟悉App Inventor中的多媒体编程。

第1节
钢琴哆来咪

钢琴是西洋古典音乐中的一种键盘乐器,被誉为"乐器之王"。它由88个琴键和金属弦音组成,于1709年发明。

本活动通过综合应用简单的组件,实现钢琴按键效果。单击按钮即可模拟钢琴音调,发出Do、Re、Mi、Fa、So、La、Si七个不同的音符,还可以弹奏出乐曲。

1.熟悉按钮组件的基本使用,了解按下和松开两种触发事件,并学会切换使用这两种状态。

2.通过按钮触发事件,设置画布的不同背景颜色,实现触发事件时的颜色变化。

3.掌握不同组件触发相同事件的方法。

(一)项目分析

在本项目中,我们完成一个简单弹钢琴App,需要完成的主要任务如下。

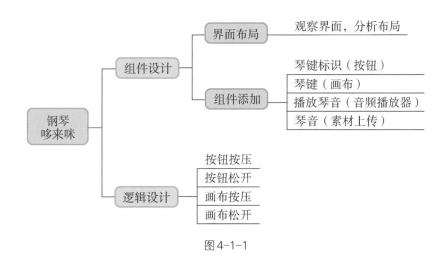

图4-1-1

(二)组件设计

1. 开始一个新的项目。

新建项目,以"tangangqin"命名(如图4-1-2)。

图4-1-2

2. 观察样例,思考界面布局样式。

观察样例界面截图,我们在完成如图4-1-3所示的简易弹钢琴时,App的界面中需要包含哪些内容?

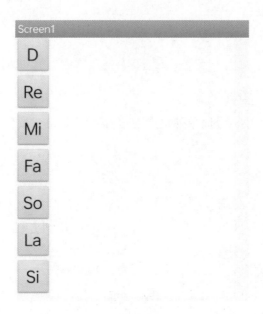

图 4-1-3

在完成一个简易的钢琴界面时,界面应该包含左侧的按钮和右侧的琴键。

我们可以通过从左侧【界面布局】依次拖拽"表格布局"到软件屏幕"Screen1"中,实现基础界面的布局。

3. 基础界面布局。

我们可以通过从左侧【界面布局】依次拖拽"表格布局"到软件屏幕"Screen1"中,实现基础界面的布局。对该表格布局属性进行修改,列数改为2,宽度设为300像素,行数设为7行。勾选"可见性"。

4. 用户界面组件添加。

(1)添加按钮

从左侧"用户界面"中拖拽"按钮"■到软件屏幕"Screen1"的"表格布局1"中,左侧一列。在组件属性中设置字号为20,按钮的高度和宽度都设为50像素。文本设为"Do",文本对齐方式设为"居中"。

此处共需要7个按钮,其他6个按钮设置方式相同,文本依次设为Re、Mi、Fa、So、La、Si。设置完成后,如图4-1-4所示。

(2)添加画布

从左侧"绘图动画"中拖拽"画布"■ 画布到软件屏幕"Screen1"的"表格布局1"中,右侧一列。修改该画布名称为"画布Do",在组件属性中设置高度为50像素(与左侧按钮高度一致),宽度为250像素。

图4-1-4

此处共需要7个画布,其他六个画布设置方式相同,分别对应左侧的按钮Re、Mi、Fa、So、La、Si。设置完成后,如图4-1-5所示。

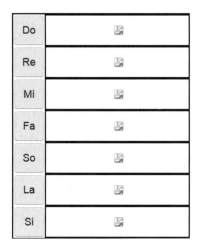

图 4-1-5

（3）添加音频播放器

从左侧"多媒体"中拖拽"音频播放器" ▶ 音频播放器 到软件屏幕"Screen1"的"垂直布局1"中,该组件为非可视组件,其各项属性均采用默认值。如图4-1-6所示。

图 4-1-6

（4）上传素材

在组件列表的下方的"素材"处,上传文件,如图4-1-7所示。

图 4-1-7

找到对应的琴音文件,进行上传,上传后,可在素材一栏,看到已上传声音文件,如图4-1-8所示。

图4-1-8

经过以上操作，此时，Screen1的布局如图4-1-9所示。

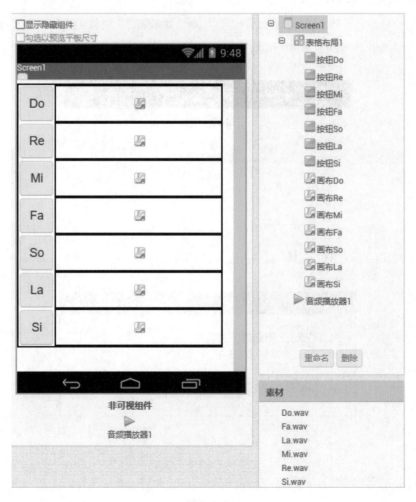

图4-1-9

小贴士

本例中，使用的音频播放器组件可以用于播放较短的音频文件或控制手机的振动。音频播放器可以实现音频的开始、暂停、停止操作，并控制振动的时间。如图4-1-10所示。

在使用音频播放器时，可设置不同的播放状态，获取音频文件，是否循环播放，以及调整音量等。

图4-1-10

（三）逻辑设计

1. 按钮程序。

（1）当按钮被按压时，以按钮"Do"为例。

第1步：在按钮"Do"的代码块中，找到"当按钮Do被按压"模块拖动至工作面板，如图4-1-11所示。

图4-1-11

第2步：在音频播放器1的代码块中，找到设置"音频播放器1的源文件"，并从内置块的文本代码块中，找到![](），在该文本框中输入对应的音乐文件"Do.wav"。组成代码如图4-1-12所示。

图4-1-12

第3步：在音频播放器1的代码块中，找到"调用音频播放器1开始"，如图4-1-13所示。

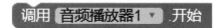

图4-1-13

第4步：在画布Do的代码块中，找到设置"画布Do背景颜色"，并从内置块的颜色代码块中，找到 ，组成代码如图4-1-14所示。

图4-1-14

经过以上4个步骤，按钮Do的"被按压"代码编写完成，下图是按钮Do的"被按压"的完整代码块。

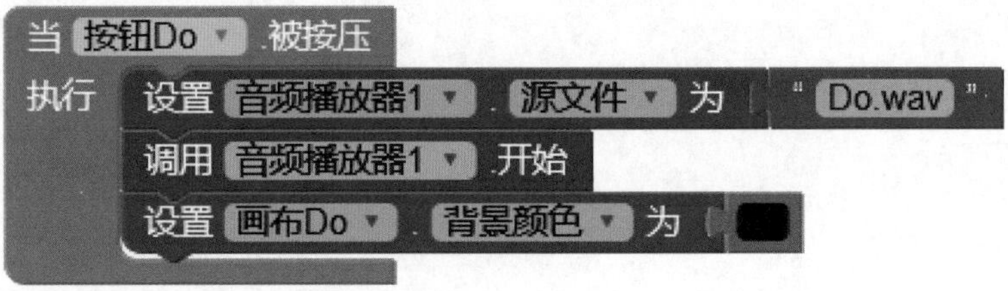

图4-1-15

（2）当按钮被松开时，以按钮"Do"为例，找到"当按钮Do被松开"模块  ，拖动至工作面板，并从画布Do的代码块中，找到设置"画布Do背景颜色"，并从内置块的颜色代码块中找到，进行拼接后如图4-1-16所示。

图4-1-16

经过以上步骤，按钮Do的代码完成，剩余的按钮Re、按钮Mi、按钮Fa、按钮So、按钮La、按钮Si，代码与之类似，此处不再赘述。所有按钮代码如图4-1-17所示。

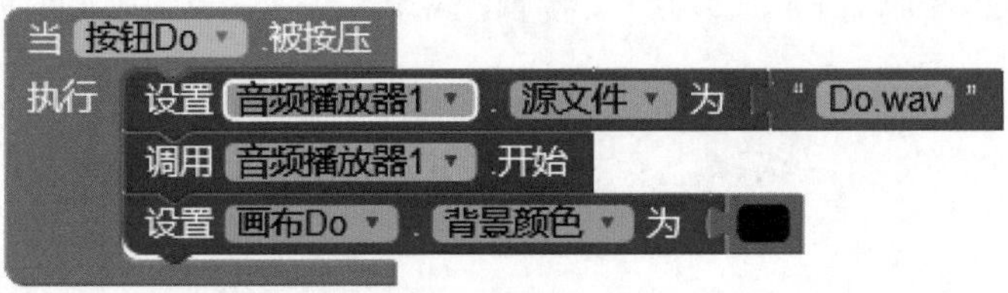

当 按钮Re ▾ .被按压
执行　设置 音频播放器1 ▾ . 源文件 ▾ 为　" Re.wav "
　　　调用 音频播放器1 ▾ .开始
　　　设置 画布Re ▾ . 背景颜色 ▾ 为 ⬛

当 按钮Mi ▾ .被按压
执行　设置 音频播放器1 ▾ . 源文件 ▾ 为　" Mi.wav "
　　　调用 音频播放器1 ▾ .开始
　　　设置 画布Mi ▾ . 背景颜色 ▾ 为 ⬛

当 按钮Fa ▾ .被按压
执行　设置 音频播放器1 ▾ . 源文件 ▾ 为　" Fa.wav "
　　　调用 音频播放器1 ▾ .开始
　　　设置 画布Fa ▾ . 背景颜色 ▾ 为 ⬛

当 按钮So ▾ .被按压
执行　设置 音频播放器1 ▾ . 源文件 ▾ 为　" So.wav "
　　　调用 音频播放器1 ▾ .开始
　　　设置 画布So ▾ . 背景颜色 ▾ 为 ⬛

当 按钮La ▾ .被按压
执行　设置 音频播放器1 ▾ . 源文件 ▾ 为　" La.wav "
　　　调用 音频播放器1 ▾ .开始
　　　设置 画布La ▾ . 背景颜色 ▾ 为 ⬛

当 按钮Si ▾ .被按压
执行　设置 音频播放器1 ▾ . 源文件 ▾ 为　" Si.wav "
　　　调用 音频播放器1 ▾ .开始
　　　设置 画布Si ▾ . 背景颜色 ▾ 为 ⬛

当 按钮Do ▾ .被松开
执行　设置 画布Do ▾ . 背景颜色 ▾ 为 ⬜

当 按钮Re ▾ .被松开
执行　设置 画布Re ▾ . 背景颜色 ▾ 为 ⬜

当 按钮Mi ▾ .被松开
执行　设置 画布Mi ▾ . 背景颜色 ▾ 为 ⬜

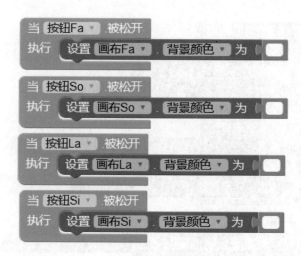

图 4-1-17

2. 画布程序。

（1）当画布被按压时，以"画布 Do"为例。画布 Do 的代码与按钮 Do 的代码类似，实现的功能也相近。其代码如图 4-1-18 所示。

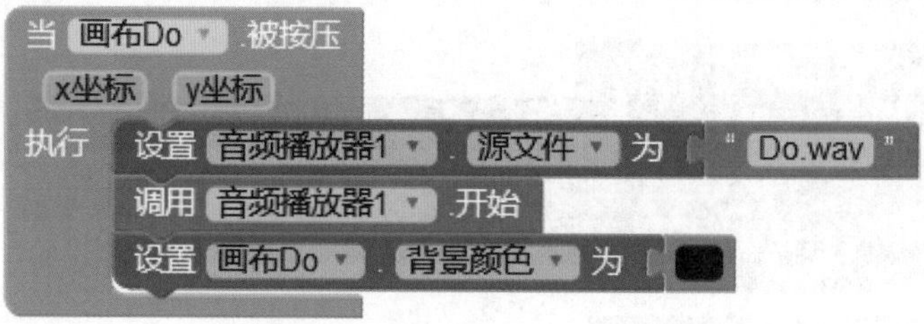

图 4-1-18

（2）当画布被松开时，以"画布 Do"为例，画布 Do 的代码与按钮 Do 的代码类似，实现的功能也相近。其代码如图 4-1-19 所示。

图 4-1-19

剩余的画布Re、画布Mi、画布Fa、画布So、画布La、画布Si，代码与其类似，此处不再赘述。所有画布代码，如图4-1-20、图4-1-21所示。

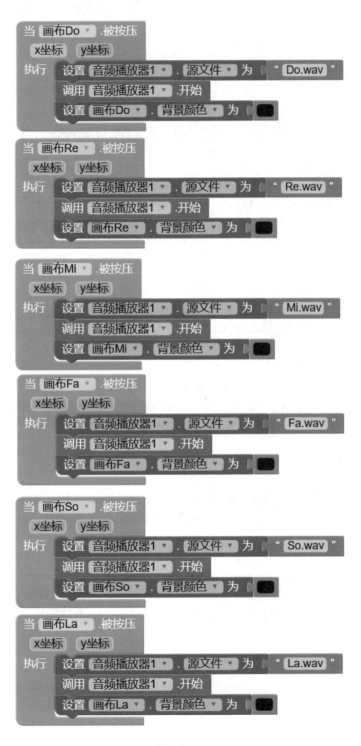

图4-1-20

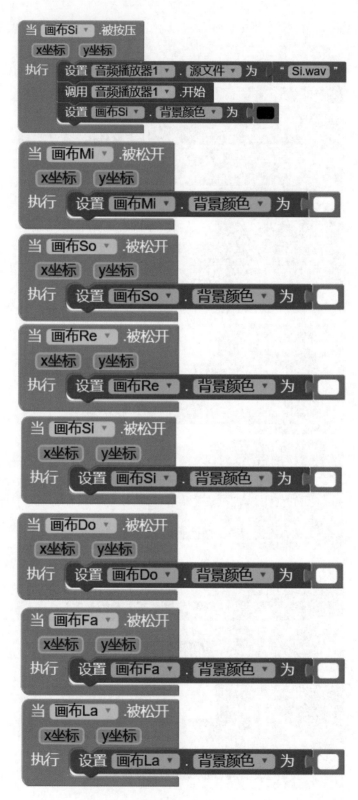

图4-1-21

经过以上步骤,一个简单的钢琴App就完成了。快点弹奏一曲吧。

一般情况下,我们在生活中接触到的钢琴琴键都是横排的。如果想要修改本App以适应横排琴键,需要进行界面布局和按键触发的调整。同时,为了支持即兴演奏的录音功能,可以考虑添加"录音"和"保存录音"的功能模块,以便用户记录他们创作的音乐作品。

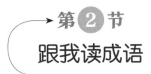

第2节 跟我读成语

成语是我国古人智慧的结晶、汉语言中的精华。它以其表达精练、形象生动的独有特点,传承了中华民族丰富的历史文化。正因为其言简意赅又博大精深,所以积累成语成为语文学习的重要方法之一。

本活动通过一些简单组件的综合应用,实现朗读成语效果。点击按钮,随机出现一个成语及其释义;同时,App朗读该成语,帮助用户认识和掌握这些成语。

1. 理解布局组件,能熟练使用布局组件进行项目界面的位置布局。
2. 能熟练进行按钮、标签组件的属性设置。
3. 学会使用随机数。
4. 熟练运用列表。
5. 学习文本语音转换器的使用。

（一）项目分析

在本项目中，我们将完成一个简单的跟读成语的App。需要完成的主要任务如图4-2-1。

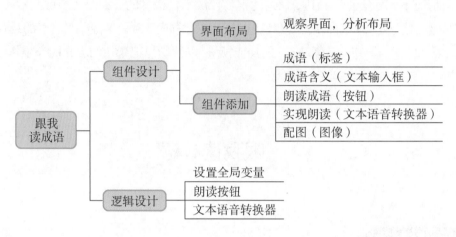

图4-2-1

（二）组件设计

1. 开始一个新的项目。

新建项目，以"duchengyu"命名（如图4-2-2）。

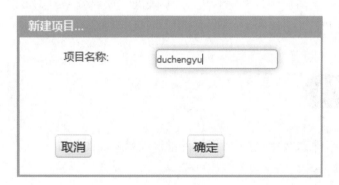

图4-2-2

2. 观察样例，思考界面布局样式。

观察样例界面截图，我们在完成如图4-2-3所示的跟读成语App时，App的界面中需要包含哪些内容呢？

"跟读成语"App的界面包括用于点击的按钮,点击后随机出现的成语和释义。通过观察我们可以发现,该界面包括用于呈现成语的标签、显示含义的文本输入框、按钮等部分组成。这些部分通过垂直布局,实现均匀分布。

3.基础界面布局。

我们可以通过从左侧【界面布局】拖拽"垂直布局"到软件屏幕"Screen1"中,实现基础界面的布局,在组件列表中将显示为"垂直布局1"。

4.用户界面组件添加。

（1）添加标签。

从左侧"用户界面"中拖拽"标签"到软件屏幕"Screen1"的"垂直布局1"中,在组件属性中设置"标签1"为"粗体"。字号为32,文本对齐为"居中",文本颜色修改为"红色"。

（2）添加文本输入框。

从左侧"用户界面"中拖拽"文本输入框"到软件屏幕"Screen1"的"垂直布局1"中,置于标签1的下方。在组件属性中设置字号为20,高度为100像素,提示设为"成语含义",勾选"允许多行",文本对齐设为"居左",勾选"可见性"。

（3）添加按钮。

从左侧"用户界面"中拖拽"按钮"到软件屏幕"Screen1"的"垂直布局1"中,置于文本输入框1的下方。在组件属性中设置字号为28,文本为"朗读成语",文本对齐设为"居中",勾选"可见性"。

（4）添加图像。

从左侧"用户界面"中拖拽"图像"到软件屏幕"Screen1"的"垂直布局1"中,置于按

钮1的下方。在组件列表下方的"素材"处上传文件,如图4-2-4所示,找到"cy.jpeg"

进行上传。在组件属性中设置高度和宽度均为"60"比例。"图片"为并确定,勾选"可见性"。

（5）添加文本语音转换器。

从左侧"多媒体"中拖拽"文本语音转换器" 文本语音转换器 到软件屏幕"Screen1"的"垂直布局1"中,该组件的各项属性,均采用默认值。

经过以上步骤,此时Screen1的"垂直布局1"中已有一个标签、一个文本输入框、一个按钮、一个图像、一个文本语言转换器。其中文本语音转换器是非可视组件。组件列表如图4-2-5所示。

图4-2-3

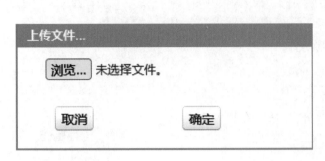

图4-2-4   图4-2-5

由于本App中涉及的组件较少，且各组件均只有一个，因此可以省去重新命名的步骤。此时，Screen1的布局如图4-2-6所示。

图4-2-6

小贴士

多媒体模块中包含多个组件,具体有:摄像机、照相机、图像选择框、音频播放器、音效、录音机、语音识别器、文本语音转换器、视频播放器、Yandex语言翻译器。

本例中使用的文本语音转换器组件,可以自动将文本转换为语音。该文本语音转换器支持的事件有"准备念读"和"念读结束"。"准备念读"事件在文本转换为语音后,但语音还没有被播放前发生。"念读结束"事件在语音被播放后发生,其参数"返回结果"是一个布尔值,表示是否语音生成成功,如图4-2-7所示。

图4-2-7

调用文本语音转换器组件的"念读文本",在"消息"上提供需要转换为语音的文本内容,用户调用该方法实现文本转换为语音。如图4-2-8所示。

图4-2-8

文本语音转换器支持的属性有"国家""语言""音调""结果""语速"。"结果"用来表示语音是否被正确生成。"国家"和"语言"用于表示生成的语音类型。"音调"和"语速"决定了生成语音的音调和速度。如图4-2-9所示。

图4-2-9

(三)逻辑设计

1. 设置全局变量。

初始化全局变量,x表示击中次数,time表示倒计时时间,X与Y表示光标的位置。

第1步：模块→内置块→变量，找到   模块，拖动至工作面板中。分别初始化全局变量 X、Y、index。

第2步：模块→内置块→数学，找到 ⬛0 模块，初始化变量 index 的值为0。

第3步：模块→内置块→列表，找到 ⚙创建空列表 模块，初始化变量 X 与 Y 为创建空列表。

初始化全局变量 X 为 ⚙创建空列表
初始化全局变量 Y 为 ⚙创建空列表
初始化全局变量 index 为 0

图4-2-10　初始化全局变量程序

2. 按钮程序。

点击按钮，程序开始运行。该按钮的逻辑设计主要分为以下步骤。

第1步：在"按钮1"的代码块中，找到"当按钮1被点击"模块拖动至工作面板，如图4-2-11所示。

图4-2-11

第2步：在变量模块中找到设置全局变量 X，Y，对每一个变量分别创建列表，列表的值就是每一个成语及其对应的含义。注意这两个全局变量 X，Y 的两个列表中的元素需要一一对应，如图4-2-12所示。

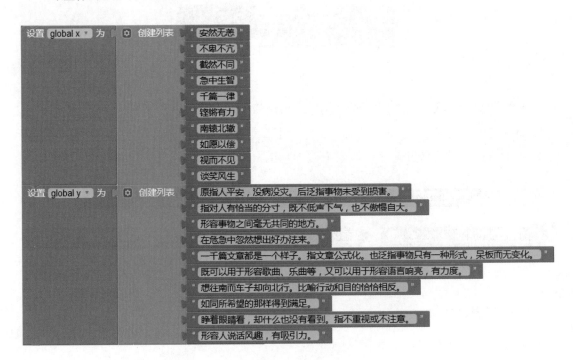

图4-2-12

第3步：在"内置块"中找到"变量"模块的  ，为全局变量index设置变量值，由于程序中共有10个成语，设置index的值为从1到10的随机整数。如图4-2-13所示。

图4-2-13

第4步：在"标签1"中找到"设置标签1文本" 在"内置块"的"列表"中找到 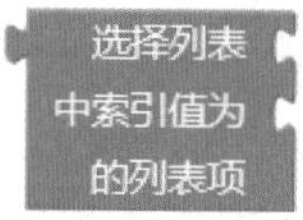 ，选择列表为x，索引值为index，组合后的代码如图4-2-14所示。

图4-2-14

第5步：在"文本输入框1"中找到"设置标签1文本" ，在"内置块"的"列表"中找到 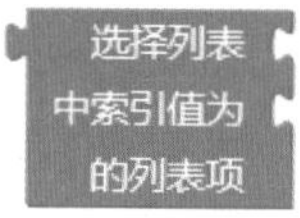 ，选择列表为y，索引值为index，组合后的代码如图4-2-15所示。

图4-2-15

第6步：在"文本语音转换器"中找到"调用TextToSpeech1念读文本"，并为"消息"设置为"标签1"的文本。如图4-2-16所示。

图4-2-16

经过上述6个步骤，按钮的代码编写完成，图4-2-17是按钮1的完整代码块。

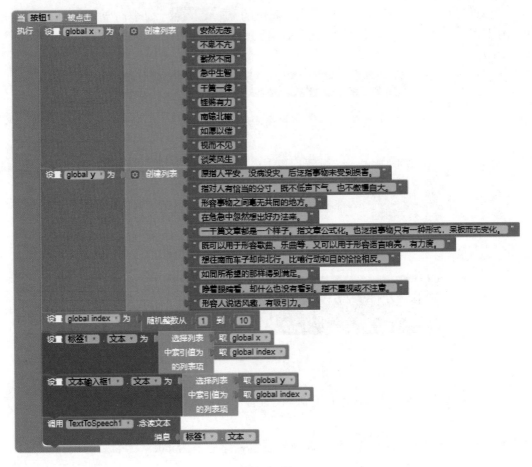

图 4-2-17

 拓展思考

可以考虑新增一个列表,用于显示对应的成语的图片内容,并增加一个按钮和文本输入框,允许用户输入新的成语和含义,添加到列表中,以扩充成语数量。同时,可以学习如何使用CSV文件导入成语库,并通过网络学习如何增加成语库。

拓展练习

我爱记单词

你有没有遇到过这样的烦恼,英语单词老是记不住? 曾经记住的单词,时间一长,就又会忘记,可否开发一款帮助我们记忆英语单词、熟悉中文含义和英文拼写的App呢?

请同学们根据下图应用程序的界面选择合适的组件进行编程设计,实现"我爱记单词"App的开发制作。

图4-2-18

第5章 传感器创意编程

带着你的手机去散步,应用会记录下你的运动轨迹和步数;倾斜你的手机,应用中的角色会沿着方向移动;举起你的手机,你将看到所在位置的星群。所有这些应用之所以能够实现,都是因为你所携带的移动设备里有传感器,可以探测到位置、加速度以及方向。

在本章中,我们将通过"春之声""指南针"等活动在实践中熟悉传感器的使用方法。

第1节 春之声

在本活动中,将开发一个名为"春之声"的应用。App启动后,出现一张春天的图片,背景播放"春之声"钢琴曲。手机每晃动一次,春天的图片就变换一次,变换到第四张的时候,循环出现第一张图片。

1. 熟悉 App Inventor 传感器组件,掌握"加速度传感器"的使用方法。

2. 熟悉 App Inventor 多媒体组件,掌握"音频播放器"的使用方法。

3. 掌握 App Inventor 条件判断程序块的使用。

4. 掌握变量的设置和迭代方法。

（一）项目分析

在本项目中,我们完成一个简单计算器 App,需要完成的主要任务如图 5-1-1。

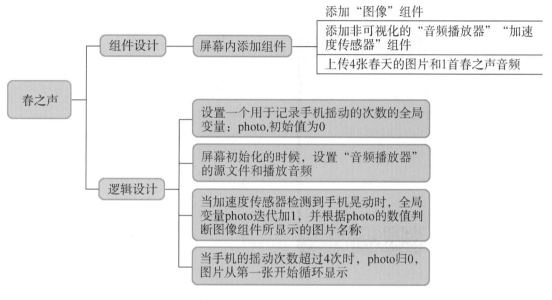

图 5-1-1

（二）组件设计

1. 开始一个新的项目。

新建项目,以"The_sound_of_spring"命名（如图 5-1-2）。

图 5-1-2

2.观察样例,阅读目标,设计界面。

我们在完成如图5-1-3所示的应用的时候,App不仅要呈现四张图片,还要能播放音乐。在摇一摇设备的时候,图片还要能达成切换这一效果。为此在设计界面的时候,我们除了在界面中添加图像组件并上传4张图片(如图5-1-4),以完成呈现图像、切换图片这两个结果外,还要添加"音频播放器"、"加速度传感器"(如图5-1-5)这两个组件,并且上传1首音频(如图5-1-6),以实现音频播放和感知设备的晃动。

图5-1-3

图5-1-4

图5-1-5

图5-1-6

（三）逻辑设计

1. 设置一个用于记录手机摇动的次数的全局变量：photo，初始值为0（如图5-1-7）。

图5-1-7

2. 屏幕初始化的时候，设置"音频播放器"的源文件，同时播放音频（如图5-1-8）。

当 Screen1 ▾ .初始化
执行　设置 音频播放器1 ▾ . 源文件 ▾ 为 　" sound_of_spring.mp3 "
　　　调用 音频播放器1 ▾ .开始

图5-1-8

3. 当加速度传感器检测到手机摇动时，全局变量photo迭代加1，并根据photo的数值判断图像组件所显示的图片名称（如图5-1-9）。

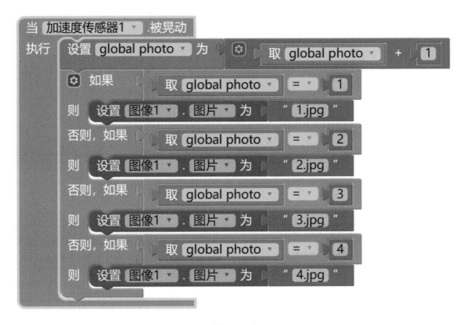

图5-1-9

4. 当手机的摇动次数超过4次时，变量photo归0（如图5-1-10），图片从第一张开始循环显示（如图5-1-11）。

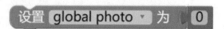

图 5-1-10

当 加速度传感器1 .被晃动
执行 设置 global photo 为 取 global photo + 1
如果 取 global photo = 1
则 设置 图像1 . 图片 为 " 1.jpg "
否则，如果 取 global photo = 2
则 设置 图像1 . 图片 为 " 2.jpg "
否则，如果 取 global photo = 3
则 设置 图像1 . 图片 为 " 3.jpg "
否则，如果 取 global photo = 4
则 设置 图像1 . 图片 为 " 4.jpg "
设置 global photo 为 0

图 5-1-11

拓展思考

　　"春之声"是"加速度传感器"中"被晃动"事件的应用。"加速度传感器"还能感知设备在X分量、Y分量、Z分量上的变化，我们可以利用"加速被改变"事件来制作各种有趣味的应用和游戏。

小贴士

　　加速度传感器可以测出加速度三个维度分量的近似值。这三个分量分别是：
　　X分量。当手机在平面上静止时，其值为零；当手机向左倾斜时（右侧升起），其值为正；而向右倾斜时（左侧升起），其值为负。
　　Y分量。当手机在平面上静止时，其值为零；当手机顶部抬起时，其值为正；而当底部抬起时，其值为负。

Z分量。当设备屏幕朝上静止在与地面平行的平面上时,其值为9.8(地球的重力加速度);当垂直于地面时,其值为0;当屏幕朝下时,其值为-9.8。无论是否是重力的原因,手机加速运动就会改变它的加速度分量值。

第 2 节
指 南 针

在本活动中,将开发一个名为"指南针"的应用。App启动后,出现两个按钮,第一个指向"指南针的历史",点击按钮后,将介绍指南针演变的历程;第二个是"应用指南针",进入这个页面,将有一个可真正使用的指南针。

1. 熟悉App Inventor传感器组件,掌握"方向传感器"的使用方法。

2. 熟悉App Inventor在不同屏幕之间跳转的方法。

3. 知道使用HTML标签能动态地控制标签中文本显示的样式。

（一）项目分析

在本项目中,我们完成一个指南针App,需要完成的主要任务如图5-2-1。

（二）组件设计

1. 开始一个新的项目。

新建项目,以"compass"命名(如图5-2-2)。

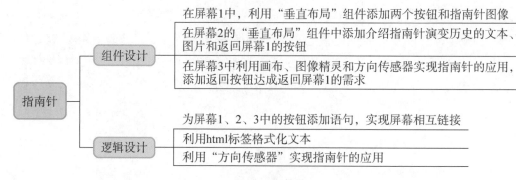

在屏幕1中，利用"垂直布局"组件添加两个按钮和指南针图像

在屏幕2的"垂直布局"组件中添加介绍指南针演变历史的文本、图片和返回屏幕1的按钮

在屏幕3中利用画布、图像精灵和方向传感器实现指南针的应用，添加返回按钮达成返回屏幕1的需求

组件设计

指南针

逻辑设计

为屏幕1、2、3中的按钮添加语句，实现屏幕相互链接

利用html标签格式化文本

利用"方向传感器"实现指南针的应用

图 5-2-1

新建项目...

项目名称：　　　compass

取消　　　　　　　　确定

图 5-2-2

2. 观察样例，阅读目标，设计界面。

App启动后，出现两个按钮。第一个指向"指南针的历史"，点击按钮后，将介绍指南针演变的历程。第二个是"应用指南针"，进入这个页面，将有一个可真正使用的指南针，为此App应该有3个屏幕。

（1）在屏幕1中，利用"垂直布局"组件添加两个按钮和指南针图像（如图5-2-3）。垂直布局1的"水平对齐"属性选择：居中、高度：充满、宽度：自动。按钮1的"文本"属性设置为：指南针历史；按钮2的"文本"属性修改为：应用指南针；图像1的图片上传并选择：zhinanzhen.jpg。

（2）屏幕2中，为实现如图5-2-4的效果，我们需要在垂直布局中添加两个标签、1个图像和1个按钮组件。屏幕2的"允许滚动"属性要勾选（如图5-2-5）；垂直布局中的"水平对齐"属性选择居中；用"指南针的演变"来明确标签1的文本；标签2的

图 5-2-3

HTML格式需勾选（如图5-2-6）；图像上传并选择：sinan.jpg；按钮1的文本修改为：返回。

（3）在屏幕3中利用画布、图像精灵和方向传感器实现指南针的应用，添加返回按钮达成返回屏幕1的需求，组件列表如图5-2-7。各个组件属性的设置如表5-2-1。

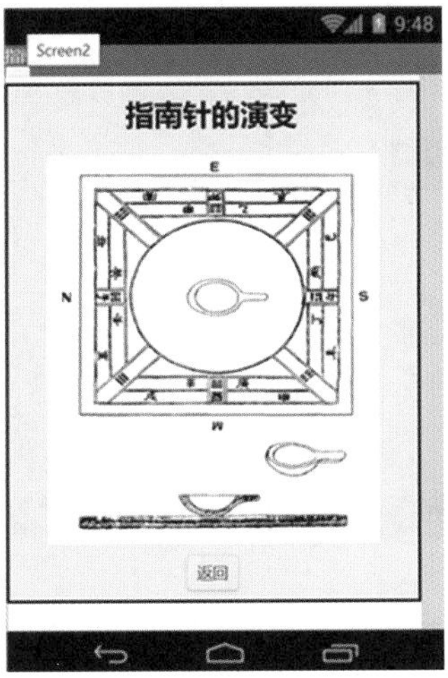

图5-2-4

图5-2-5

图5-2-6

（三）逻辑设计

1. 为屏幕1、2、3中的按钮添加语句，实现屏幕相互链接。

（1）点击屏幕1中的按钮1和按钮2能跳转到屏幕2和屏幕3（如图5-2-8）。

（2）点击屏幕2、3中的按钮能跳转到屏幕1（如图5-2-9）。

表 5-2-1

组 件 名	属 性 名	属 性 值
Screen3	水平对齐	居 中
画 布	高 度	300像素
	宽 度	300像素
图像精灵	高 度	240像素
	宽 度	256像素
	图 片	Compass.jpg
按 钮	文 本	返 回
方向传感器	启 用	选 择

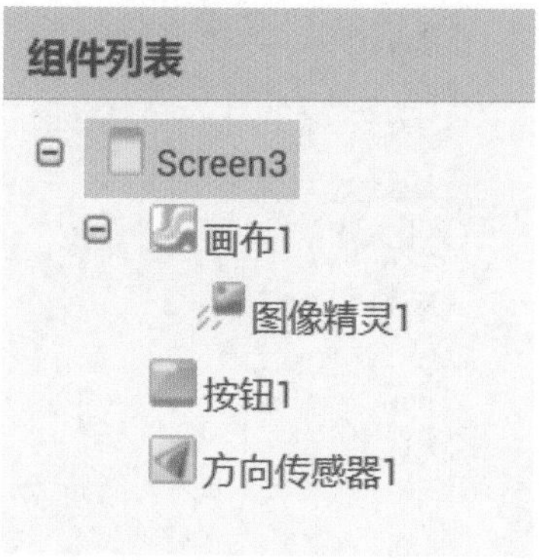

组件列表

- ⊟ ☐ Screen3
  - ⊟ 🖌 画布1
    - 🖼 图像精灵1
  - 🔲 按钮1
  - ◢ 方向传感器1

图 5-2-7

图 5-2-8

图 5-2-9

2. 在屏幕2中,利用html标签格式化文本(如图5-2-10)。

图 5-2-10

🔵 **小贴士**

HTML的全称为超文本标记语言,是一种标记语言。它包括一系列标签,通过这些标签可以统一网络上的文档格式。

<p> 标签定义段落,以 <p> 开始,</p> 结束。

 标签是用于内容换行,实现排版作用,
 可以放置到 p 中使用。

3. 在屏幕3中,利用"方向传感器"实现指南针的功能(如图5-2-11)。

图5-2-11

指南针利用了磁针的南极指向地理南极这一性能帮助人们在茫茫的大海中辨别方向,它是中国古代劳动人民智慧的结晶。请你查找资料,找一找手表帮助我们指明方向的方法,并请你设计一张介绍这种方法的页面。

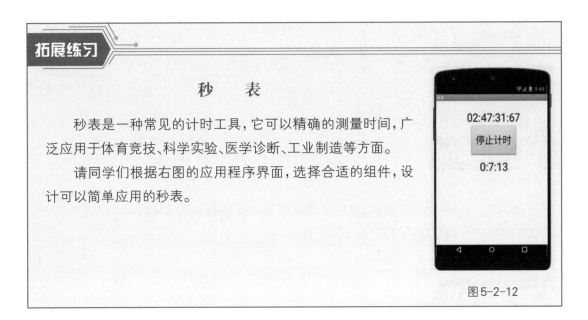

拓展练习

秒　表

秒表是一种常见的计时工具,它可以精确的测量时间,广泛应用于体育竞技、科学实验、医学诊断、工业制造等方面。

请同学们根据右图的应用程序界面,选择合适的组件,设计可以简单应用的秒表。

图5-2-12

第6章　游戏创意编程

App Inventor是一个可以在安卓移动设备上开发智能应用程序的工具。在本章中,我们要学习如何将我们已经掌握的编程技能应用到App Inventor开发环境中。通过实践活动,如打地鼠和掌上高尔夫,我们将熟悉App Inventor中的游戏创意编程。

第1节
打　地　鼠

打地鼠是一个休闲小游戏,调皮的小地鼠时不时从地洞里冒出脑袋。本活动要求在限定的时间内,敲打到的地鼠越多,得分就会越高。

1. 学习使用列表清单。
2. 学会使用计时器设置定时事件。
3. 学习画布、图像精灵与随机数的使用。
4. 熟练应用分支结构。

（一）项目分析

在本项目中,我们完成一个简单打地鼠游戏,需要完成的主要任务如下。

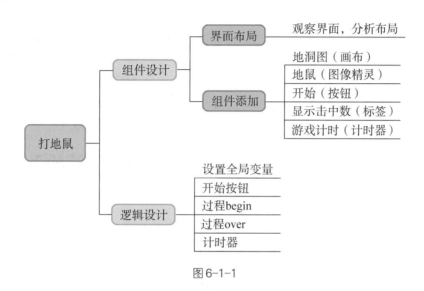

图 6-1-1

（二）组件设计

1. 创建项目。

创建一个新项目,命名为"dadishu"（如图6-1-2）。

图 6-1-2

2. 观察样例,思考界面布局样式。

观察样例界面截图,我们在完成如图6-1-3所示的打地鼠游戏时,App的界面中需要包含哪些内容呢?

通过观察我们可以发现，打地鼠游戏的界面包括地洞图和下方功能区。通过单击"开始"按钮后游戏开始，玩家打中地鼠时击中数加1，游戏时间是60秒。因此，需要画布、按钮、标签、计时器等组件。

3. 用户界面组件添加。

（1）添加画布

拖动绘图动画栏的画布至工作面板中，在组件属性中设置背景图片为素材图片中的p1，高度为"自动"，宽度为"充满"。

（2）添加图像精灵

拖动绘图动画栏的"图像精灵"至工作面板中，在组件属性中设置图片为素材图片中的dishu.png（地鼠的透明图片），高度50像素，宽度为40像素，如图6-1-4所示。

图 6-1-3

dishu.png

图6-1-4 素材图片

（3）添加水平布局

添加两个界面布局中的水平布局于画布下方，在组件属性中设置高度为"自动"，宽度为"充满"。

（4）添加标签

添加4个用户界面的标签于水平布局1中，在组件属性中均设置高度为30像素，宽度为50像素。

标签1的文本改为"击中数"，标签2的文本改为"0"，标签3的文本改为"时间"，标签4的文本改为时间"60"。

标签2重命名为"num"，标签4重命名为"time"。

界面效果如下，如图6-1-5所示。

图6-1-5 标签

（5）添加按钮

添加用户界面的按钮于水平布局2中，重命名为"start"，设置宽度及
高度均为100像素，文本为"开始"，如图6-1-6。

（6）添加计时器

添加两个"传感器"列表中的"计时器"组件，分别重命名为"计时器
1"与"计时器2"，如图6-1-7。计时器1，用来控制重复地鼠动作，在组件

图6-1-6　按钮

属性中修改计时间隔为500 ms，计时器2用来做倒计时工作，在组件属性中修改计时间隔为
1 000 ms。

图6-1-7　计时器

（三）逻辑设计

1. 初始化全局变量。

初始化全局变量，num表示击中次数，time表示倒计时时间，X与Y表示地鼠出现的
坐标。

第1步：模块→内置块→变量，找到 初始化全局变量 变量名 为 模块，拖动至工作面板中。
分别初始化全局变量num、time、X、Y。

第2步：模块→内置块→数学，找到 0 模块，初始化变量num的值为0，初始化变量
time的值为20。

第3步：模块→内置块→列表，找到 创建空列表 模块，初始化变量X与Y为创建空
列表，如图6-1-8。

图6-1-8　初始化全局变量程序

2. 定义过程begin。

定义begin过程,该过程表示游戏开始时,地鼠开始随机在 (X, Y)位置出现,计时器启动,同时初始化num与time这两个 变量的值,并清除画布。

图6-1-9　定义过程"begin"

第1步:在过程模块中,找到定义过程模块,拖动至工作面 板中,更改过程名为"begin",如图6-1-9。

第2步:在变量模块中找到设置全局变量X,Y,对每一个变量分别创建列表,列表的 值就是每一个地洞对应的X,Y坐标值。我们可以在组件设计中通过移动地鼠得到地洞X 与Y的值。下面以两个地洞为例,其坐标(X, Y)的值分别为(44, 54)和(24, 101),如图 6-1-10。所以分别把44、24放入全局变量X的列表中,把54和101放入全局变量Y的列 表中,如图6-1-11。

图6-1-10　地洞位置

注意 ▶ 全局变量X,Y的两个列表中的元素需要一一对应。

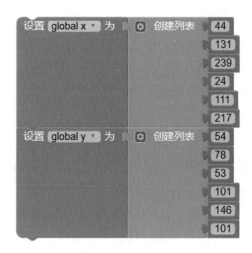

图6-1-11 地洞位置列表

第3步：在计时器模块，分别找到"设置Clock1"和"设置Clock2"的"启用计时"属性，给这两个属性设置的值均为"真"，如图6-1-12。

图6-1-12 设置"计时器"的"启用计时"属性值

第4步：在变量模块中，设置全局变量num与time分别为0与20，如图6-1-13。

图6-1-13 设置全局变量num与time的值

第5步：在标签模块中，设置标签num与time的文本值取global num与global time，如图6-1-14。

图6-1-14 设置标签num与time的文本值

第6步：在画布模块中，找到"调用画布清除画布"模块。

经过上述6个步骤，过程"begin"的代码编写完成，下图是过程"begin"的完整代码块。

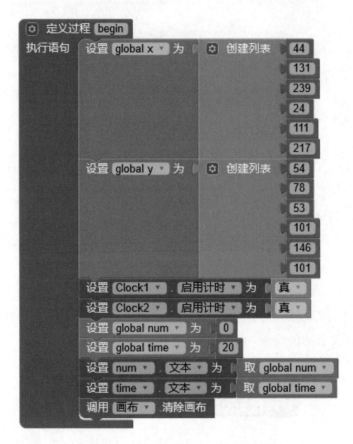

图6-1-15　定义过程begin完整代码块

3.定义过程over。

定义过程over，实现游戏结束时，关闭计时器，设置画笔颜色为红色，画布在(X,Y)为(100,80)的位置显示"游戏结束，重新开始"等功能。

第1步：在过程模块中找到"定义过程"模块拖动至工作面板中，并更改过程名为over，如图6-1-16。

图6-1-16　定义过程"over"

第2步：在计时器模块找到"设置计时器1启用计时""设置计时器2启用计时"两个模块，分别设置为逻辑模块为"假"。

图6-1-17 设置"计时器"的"启用计时"属性值

第3步：在画布模块中找到"设置画布1的画笔颜色"模块，设为颜色中的"红"模块，"设置画布1的字号为"，设为数学模块"30"。

图6-1-18 设置画布的画笔颜色和字号

第4步：在画布中找到"调用画布绘制文本"，在文本区域拖动文本模块，输入"游戏结束，重新开始"，x坐标为数字"100"，y坐标为数字"80"。

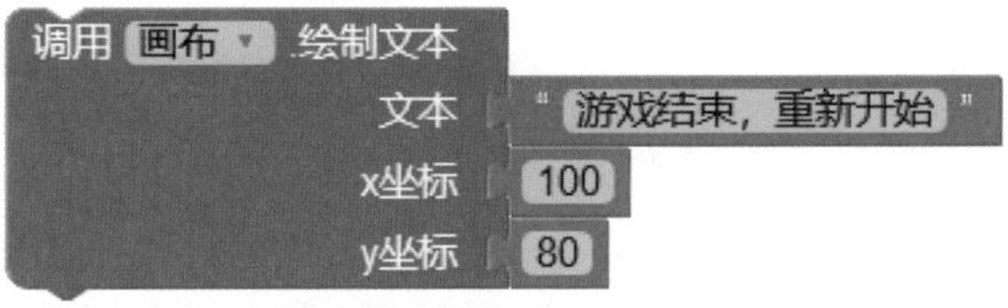

图6-1-19 设置画布的文本属性

经过上述4个步骤，过程"over"的代码编写完成，下图是过程"over"的完整代码块。

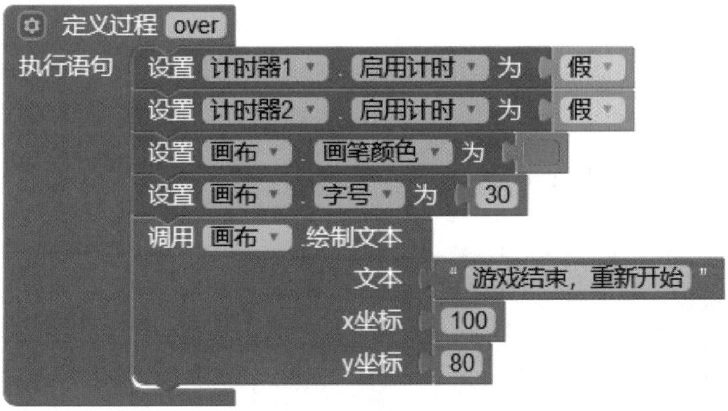

图6-1-20 定义过程over完整代码块

4. 定义start按钮。

点击start按钮，游戏开始。

在start模块中找到"当start被点击"模块拖动至工作面板，在执行区域内拖动过程模块中的"调用begin"语句。

图6-1-21　start按钮

5. 定义计时器1。

计时器1用于控制地鼠出现的不同鼠洞位置。

第1步：在计时器1模块中找到"当计时器1计时"模块拖动至工作面板中。

图6-1-22　计时器1

第2步：在变量模块中找到"初始化局部变量"模块，并修改变量名为index，表示鼠洞的序号，根据有6个鼠洞，设置其值为从1到6的随机整数。

图6-1-23　设置index

第3步：在局部变量index的作用范围处，找到图像精灵1中的"调用图像精灵1移动到指定位置"模块，在x坐标中设置选择的列表为global X，索引值为index，y坐标中设置选择的列表为global Y，索引值为index。

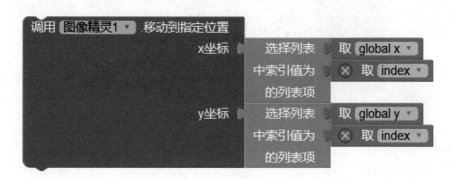

图6-1-24　设置图像精灵位置

经过上述3个步骤,计时器1的代码编写完成,下图是计时器1的完整代码块。

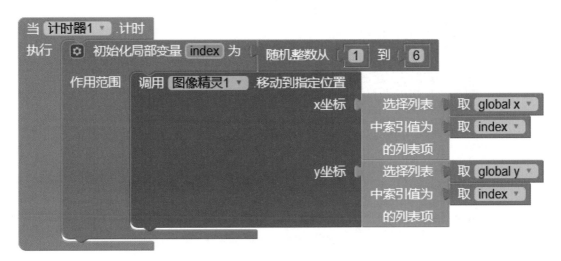

图6-1-25 计时器1程序

6. 定义计时器2。

计时器2实现倒计时,持续时间为60秒。

第1步:在计时器2模块中找到"当计时器2计时"模块拖动至工作面板中。

图6-1-26 计时器2

第2步:在控制中找到"如果…则…否则"结构,拖放至"当计时器2计时"的执行区域内。

图6-1-27 控制结构

第3步:如果的判断条件为"global time=0",即60秒计时结束。满足如果的条件,则在过程模块中找到"调用over"。如果不满足,即计时仍在继续,则设置global time为global time−1,设置time文本为global time的值。

图6-1-28　控制结构完整代码块

经过上述3个步骤，计时器2的代码编写完成，下图是计时器2的完整代码块。

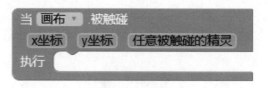

图6-1-29　计时器2程序

7. 定义"画布"。

当触碰到画布中的图像精灵1，即地鼠，将击中数加1。

第1步：在画布模块中找到"当画布1被触碰"模块拖动至工作面板中。

图6-1-30　画布模块

第2步：在控制中找到"如果…则…"结构，拖放至"当画布1被触碰"的执行区域内。

图6-1-31　控制结构

第3步：在如果的条件判断中，拖动图像精灵1的"取任意触碰的精灵"，表示打中了地鼠。当满足条件时，则设置global num为取global num+1，设置num的文本为取global num。

图6-1-32　控制结构完整代码块

经过上述3个步骤，画布的代码编写完成，下图是画布的完整代码块。

图6-1-33　画布被触碰程序

拓展思考

参照样例思路，你可以增加地洞和地鼠的数量，还可以为地鼠被击中时增加显示地鼠昏厥图片和配套的音效。同时，为增加游戏的趣味性，可以考虑为玩家的手指添加锤子图片。

第**2**节

掌上高尔夫

活动简介

高尔夫球运动是一项利用不同类型的高尔夫球杆将高尔夫球击入球洞的运动。

本活动通过球形精灵，模拟高尔夫球运动。用户通过调整手机的转动方向来控制白球进入球洞。

1. 能熟练使用球形精灵。

2. 了解方向传感器的使用方法。

3. 熟练使用绘图工具。

（一）项目分析

在本项目中，我们创建一个掌上高尔夫App，需要完成的主要任务如下：

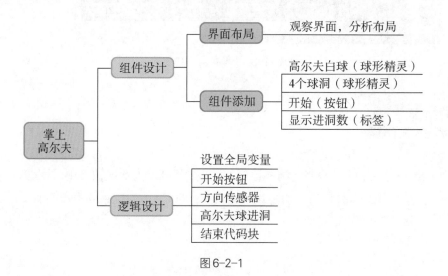

图 6-2-1

（二）组件设计

1. 开始一个新的项目。

新建项目，以"gaoerfu"命名（如图 6-2-2）。

2. 观察样例，思考界面布局样式。

观察样例界面截图，我们在完成如图 6-2-3 所示的掌上高尔夫游戏时，App的界面中需要包含哪

图 6-2-2

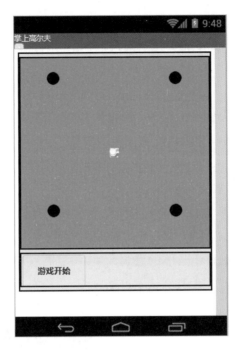

图6-2-3

些内容呢?

在掌上高尔夫的界面可分为上下两部分,上部主体为画布,画布中包含4个黑洞和1个白色小球,下部包含开始按钮和显示得分的标签。

3.用户界面组件添加。

(1)添加垂直布局

拖动"界面布局"中的"垂直布局"到屏幕区域,修改其属性,水平对齐改为居中,其他属性默认值。

(2)添加画布

拖动绘图动画栏的画布至垂直布局中,该画布的名称为画布1,设置画布的高度和宽度均为300像素。

(3)添加图像精灵(白球)

拖动绘图动画栏的"图像精灵"至画布1中,对它进行重命名,改为"白球",在组件属性中勾选"启用",画笔颜色设为白色,设置半径为5,勾选"可见性",X坐标为140,Y坐标为140。

(4)添加图像精灵(黑洞)

绘图动画栏拖动出4个"图像精灵"至画布1中,对它们进行重命名,分别为"洞1""洞2""洞3""洞4",在组件属性中勾选"启用",画笔颜色设为黑色,设置半径为10,勾选"可见性",并依次把"洞1""洞2""洞3""洞4"X坐标分别设为40、235、40、235,Y坐标为20、20、229、229。

（5）添加水平布局

添加一个界面布局中的水平布局位于画布下方，在组件属性中设置高度为"50像素"，宽度为"300像素"。

（6）添加按钮

添加用户界面的按钮于水平布局1中，重命名为"开始"，设置宽度及高度均为50像素，宽度为100像素，文本为"游戏开始"，文本颜色为黑色。

（7）添加标签

添加2个用户界面的标签于水平布局1中。

标签1，用于游戏开始后显示文本"进洞数"，将其高度设为50像素，宽度设为100像素，文本改为"进洞数："，可见性不勾选，使其默认不可见；

标签2，用于游戏开始后显示具体的进洞数值，将其高度设为50像素，宽度设为100像素，文本改为空，可见性不勾选，使其默认不可见。

（8）添加方向传感器

从传感器面板，拖出一个方向传感器至屏幕中央，该传感器是一个非可视组件。如图6-2-4所示。

经过以上步骤，掌上高尔夫的用户界面组件已添加完成，其布局如图6-2-5所示。

图6-2-4

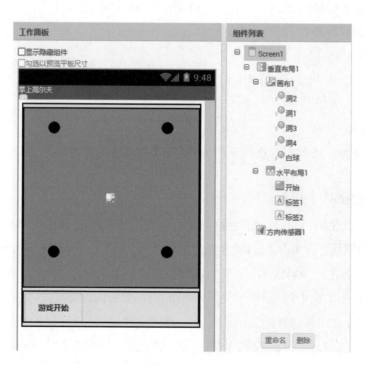

图6-2-5

（三）逻辑设计

1. 初始化全局变量。

初始化全局变量，count表示高尔夫小球进洞次数，为其设置初值为0。如图6-2-6所示。

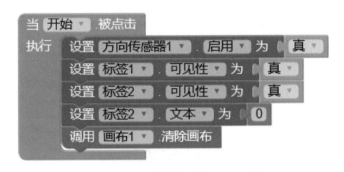

图6-2-6

2. 开始按钮。

点击"开始"按钮，高尔夫白球被启动，即方向传感器1被启用，同时表示进洞数的标签1和标签2均出现，即将这两个标签的可见性设为"真"，标签2（表示已进洞数量）的初值为0，画布1之前的痕迹被全部清除。以上步骤组成的代码块，如图6-2-7所示。

图6-2-7

3. 方向传感器。

本App运行时，用户通过调整手机方向控制小球的运动方向和速度。这是因为在手机中有方向传感器，根据不断尝试与实验，设定白球的速度为方向传感器力度值变化的50倍，白球的运动方向随着方向传感器角度的变化而变化。具体的代码块如图6-2-8所示。

图6-2-8

小贴士

方向传感器可以监测装置相对于地球参考系的位置（特别是北极）。它获取的数据是由磁场传感器与加速度传感器计算而来，主要包含三个参数。

方向传感器1 方位角 方位角表示绕Z轴旋转度。它是北极和设备的Y轴之间的夹角。如果这个设备的Y轴正对北极,那么该值为0。

方向传感器1 音调 音调表示绕X轴旋转度,值的范围是−90度到+90度,水平为0,翘头为负,翘尾为正。

方向传感器1 翻转角 翻转角表示绕Y轴选择,值的范围是−90度到+90度,水平为0,左转为正,右转为负。

4. 当白球被碰撞。

在本App中,如何判断白球进入了洞中呢?

通过小球间的碰撞检测来实现判断。

当白球被碰撞时,如果这个与白球碰撞的对象是洞1,那么就设洞1的可见性为假,即洞1就消失了。那么进球数的得分,就应增加1,即全局变量count的值增加1。具体的代码块如图6-2-9所示。

图6-2-9

以此类推,洞2、洞3、洞4的情况类似。相应的代码,如图6-2-10所示。

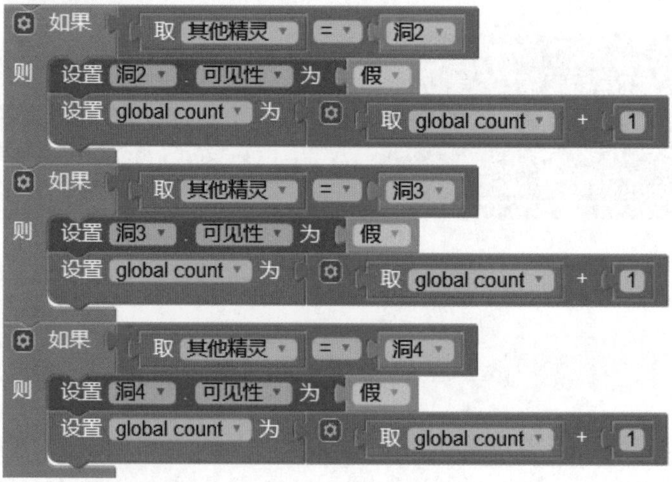

图6-2-10

当高尔夫小球已分别进入4个球洞后,此时count的值为4,本游戏已顺利过关。因此,画布中间出现"恭喜过关"的提示语。其代码如图6-2-11所示。

图6-2-11

5. 游戏终止代码。

除了顺利完成进4个球洞的任务以外,还有什么情况下游戏会终止呢?

为了增加本游戏的趣味性,当高尔夫小球触碰边界时,游戏也将终止。其步骤如下:

第一步,高尔夫小球应归原位,即开始游戏前的初始位置。代码块如图6-2-12所示:

图6-2-12

第二步,方向传感器停用。代码块如图6-2-13所示。

图6-2-13

第三步,4个球洞的可见性均设为可见。代码块如图6-2-14所示。

图6-2-14

第四步,进洞数变量count归零。如图6-2-15所示:

设置 global count 为 0

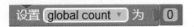

图6-2-15

第五步,画布出现提示语,提醒用户"啊呀,碰到边界了"。其代码块如图6-2-16所示。

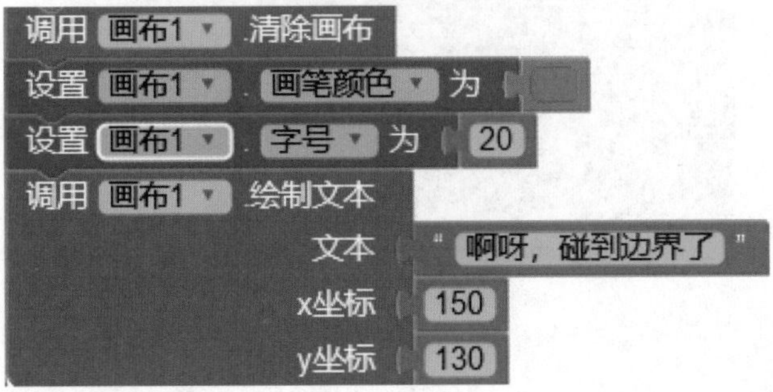

调用 画布1 .清除画布
设置 画布1 . 画笔颜色 为
设置 画布1 . 字号 为 20
调用 画布1 .绘制文本
文本 " 啊呀，碰到边界了 "
x坐标 150
y坐标 130

图6-2-16

以上步骤可以设置在过程over中,过程over的完整代码如图6-2-17所示。

定义过程 over
执行语句
设置 白球 . 速度 为 0
设置 白球 . X坐标 为 140
设置 白球 . Y坐标 为 140
设置 方向传感器1 . 启用 为 假
设置 洞1 . 可见性 为 真
设置 洞2 . 可见性 为 真
设置 洞3 . 可见性 为 真
设置 洞4 . 可见性 为 真
设置 global count 为 0
调用 画布1 .清除画布
设置 画布1 . 画笔颜色 为
设置 画布1 . 字号 为 20
调用 画布1 .绘制文本
文本 " 啊呀，碰到边界了 "
x坐标 150
y坐标 130

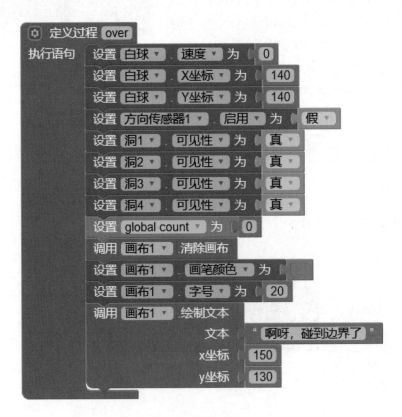

图6-2-17

当白球到达边界时，调用过程over，其代码如图6-2-18所示。

图6-2-18

经过以下组件的逻辑设计，掌上高尔夫App就完成了，快来尝试一下吧！

目前本案例中，球洞的位置是固定的。那么如何调整代码才能使球洞的位置随机出现？设置随机位置时，请考虑如何避免球洞位置重叠。另外，如何增加组件或调整代码块来调节高尔夫球的滚动速度？

拓展练习

快 乐 拼 图

拼图是大家小时候都玩过的游戏，简单又耐玩，富含数学的逻辑推理。本拼图游戏共含3*3块拼图，是入门级的拼图游戏，适合初玩者。单击图片可以移动到有空格的地方，没有空格的不能移动，完成拼图后显示游戏胜利。界面下方显示原图。

请同学们根据右图的应用程序的界面，选择合适的组件进行编程设计，实现可进行"快乐拼图"App开发制作。

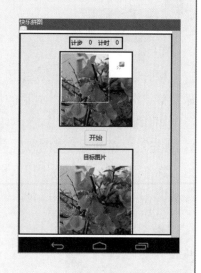

图6-2-19

第7章 通信创意编程

App Inventor开发的智能应用需要在安卓移动设备上运行,那么这些智能应用能否调用安卓移动设备自带的功能,比如收发短信、位置定位等。在本章中,我们将通过短信自动应答机、蓝牙消息收发等活动,在实践中熟悉App Inventor中的通讯功能。

第1节
短信自动应答机

接打电话和收发短信是手机具备的两大功能。收发短信操作简便,编辑文字后就能发送短信。在对方不方便接电话的情况下,发送短信是一个比较礼貌的方法。

当你忙于开车或工作时,你是否希望手机能够自动回复收到的短信,并能读出短信内容,甚至可以在自动回复的短信中报告你当前所在的位置。

在本活动中,我们将运用安卓手机的短信收发、语音合成、数据永久保存以及GPS定位等功能,来实现短信自动应答机的开发制作。

1. 理解短信收发的过程,能使用短信收发器组件进行短信收发。

2. 能熟练设置标签组件的属性。

3. 学会使用本地数据库组件保存自定义信息。

（一）项目分析

在本项目中,我们完成一个短信应答机App,需要完成的主要任务如下。

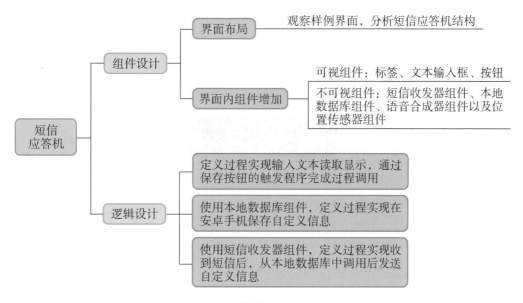

图 7-1-1

（二）组件设计

1. 开始一个新的项目。

新建项目,以"短信应答机"命名(如图7-1-2)。

图 7-1-2

2. 观察样例,思考界面中组件布局。

观察样例界面截图,我们在完成如图7-1-3所示的短信应答时,App的界面中需要包含

图7-1-3

哪些组件呢?

3.用户界面组件添加。

在样例界面中,可以清楚地看到用户界面中有四个可视组件和四个非可视组件。

用户界面包含四个可视组件,分别为:第一个标签用于显示这款应用的功能,即"本应用在运行时,将使用以下文字自动回复",第二个标签用于显示自动回复短信的内容,一个文本输入框用于编辑或修改自动回复短信的内容,一个按钮用于保存已经编辑好的自定义短信内容。

表7-1-1

组件类型	所属类别	名　称	作　用
标　签	用户界面	功能说明标签	让用户了解应用的功能
标　签	用户界面	回复内容标签	用于自动回复来信的短信内容
文本输入框	用户界面	自定义短信输入框	用户在此输入自定义的回复短信内容
按　钮	用户界面	保存按钮	用于保存已经输入的自定义短信内容

按照以下方式设置组件属性:

- 设置功能说明标签的显示文本属性为"本应用在运行时,将使用以下文字自动回复";
- 设置回复内容标签的显示文本属性为:"我正忙,稍后与您联系。"并勾选粗体属性;

- 设置自定义短信输入框的显示文本属性为空,等待用户自定义输入;
- 设置自定义短信输入框的提示属性为"请输入自定义短信内容",宽度设为"充满";设置保存按钮的显示文本属性为"保存"。

应用中还包含四个非可视组件:短信收发器组件、本地数据库组件、语音合成器组件以及位置传感器组件,它们将出现在"不可视组件"区。

表7-1-2

组件类型	所属类别	名　称	作　　用
短信收发器	社交应用	短信收发器1	处理短信的收发
本地数据库	数据存储	本地数据库1	用数据库存储自定义短信内容
语音合成器	多媒体	语音合成器1	用于读出短信内容
位置传感器	传感器	位置传感器1	感知设备所在位置

(三)逻辑设计

1. 短信收发器组件。

短信收发器组件的作用是:当手机接收到一条短信时,触发"收到消息"事件,并自动发送预设的短信内容。

用三行代码块就可以实现短信的发送:① 设置接收短信的电话号码,即设置短信收发器组件的电话号码属性;② 设置将要发送的短信内容,这也是短信收发器组件的一个属性;③ 使用短信收发器组件的发送消息功能发送短信。

图7-1-4

事件中"电话号"是短信发送者的电话号码,"消息内容"是收到短信的内容。

在发送短信前,定义接收者的手机号码,该号码来自收到消息事件中的参数。

短信内容为回复内容标签中的文本,如"我正在忙,稍后与您联系"。

2. 编写自动回复内容。

用户界面中的文本框允许用户输入自定义的回复内容。在设计视图中,已经添加了自

113

定义短信输入框。当用户点击保存按钮后,自定义短信输入框的内容将显示在回复内容标签中,成为自动回复的短信内容。

图7-1-5

自定义短信输入框中的内容转移到回复内容标签后,输入框文字清空。

3.本地数据库组件。

用户可以自定义短信内容来实现自动回复功能,但是关闭应用后,再次启动应用时,自定义的内容却没有了。如果自定义的内容能够永久保存,重新启动应用后自定义的内容还在,会给用户带来更多的方便。

在回复内容标签的显示文本属性中保存数据,是一种数据的存储,只不过这是一种临时存储。只要应用关闭,临时存储的数据就会被遗忘。如果希望应用能永久记住某些数据,就需要将临时存储的数据(组件的属性或变量)转变为永久存储的数据(数据库或文件)。

要永久地保存数据,需要用到本地数据库组件,它可以将数据存储在安卓设备内置的数据库中。本地数据库组件有两个最常用的功能:保存数据和请求数据。前者允许应用将信息存储在设备数据库中,而后者则允许应用重新读取已存储的信息。

表7-1-3

本地数据库组件功能	具 体 作 用	事 件 块
保存数据	允许应用将信息存储在设备数据库中	让 本地数据库1 保存数据 标记 存储数据
请求数据	允许应用重新读取已存储的信息	让 本地数据库1 请求数据 标记 无标记返回 ""

对于大多数的应用,采取如下存储策略:

(1)当用户提交新的数据时,将其存储到数据库中。

(2)在应用启动时,从数据库中加载数据,并将其保存在一个变量或组件的属性中。为了实现数据的永久保存,必须修改保存按钮的点击事件处理程序。

图 7-1-6

在保存数据事件中,需要提供两个参数,即需要存储的数据和存储数据时使用的标记。存储数据即为回复内容标签的显示文本。标记是数据的唯一标识,使用文本代码块自定义文字。如果需要提取相同数据时,必须使用相同的标记("自定义短信")。

4. 启动应用时提取数据。

本地数据库组件允许应用重新读取已存储的信息。自定义短信保存在数据库中后,当用户再次启动应用时,保存的数据可以被重新读取出来。

App Inventor可以侦测到一个特殊的屏幕初始化事件,当应用启动时,将触发该事件。将"当Screen1初始化时"块拖出来,并将一些代码块放在其中,那么这些代码块会在应用启动时按顺序执行。

应用启动时,将触发该事件,如果用户已经保存过自定义回复内容,便可以从数据库中提取该内容。

图 7-1-7

本地数据库请求数据事件中的标记就是上文提到的数据的唯一标识。

第一次启动应用时,数据库中没有数据,只有当用户输入了自定义短信,并点击保存按钮时,数据才被保存到数据库中。本地数据库组件请求数据过程的第二个参数"无标记返回",就是为了处理这种没有数据的情况而设置的,即如果没有发现可提取的数据,则返回预先设定的无标记返回值,在这个例子中,返回默认的回复内容:"我正在忙,稍后与您联系。"并将其显示在回复内容标签中。

5. 语音合成器组件。

当你收到短信后,虽然有自动回复功能,但我们还是禁不住想知道短信的内容,万一短信中有紧急情况,错过可就不好了。在App Inventor中,有一个功能可以实现这个效果:收到短信后,手机将大声读出短信发送者的电话号码以及短信内容。使用安卓设备的语音合成功能,就可以在不使用手机的情况下,收听短信的内容。

安卓设备提供了语音合成功能,而App Inventor提供了一个语音合成器组件,它可以读出任何提交给它的文本信息。注意:语音合成器组件读出的文本信息指的是一串字母、数字及标点符号组成的文本,而不是手机之间收发的短信。

语音合成器组件简单易用,只需调该组件的用合成语音功能,并给出需要读出的文字即可。如图所示,在合成语音的代码块中,写一段文本,如"Hello World!"填充到消息参数的插槽中,即可让安卓设备读出这段英文。

图 7-1-8

注意,要让安卓设备读出中文,需要事先安装支持中文的TTS语音引擎。

在本应用中,需要读出更多复杂的内容,既要包含短信发送者的电话号码,也要包含短信内容,所以这里要用到"字串"块,它可以将若干个文本片段或数字以及其他字符连接起来,构成单一的文本对象。

"字串"块中文本片段的数量可根据需求增加,不能少于两个。

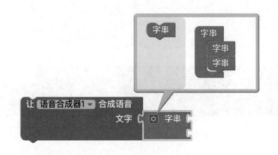

图 7-1-9

短信发送者的电话号码和短信内容需要调用短信收发器1的收到消息事件,拼接字串后使用语音合成器1读出。

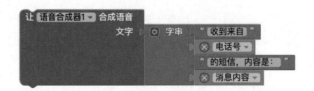

图 7-1-10

使用"字串"块将"收到来自"、电话号、"的短信,内容是:"和短信内容拼接。假设收到电话号为12345678910发来的短信"你好",生成的信息为:收到来自12345678910的短信,内容是:你好。

在短信收发器1发送消息后,让语音合成器1合成语音。

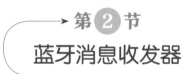

图7-1-11

拓展思考

短信应答机能够解决不少烦恼,你能再为它添加一些个性化的功能吗? 比如针对特定号码定制回复内容。思考一下,这需要用到什么代码块?

第2节
蓝牙消息收发器

活动简介

在本活动中,我们将使用App Inventor开发一个蓝牙消息收发器应用程序。该应用程序将允许用户通过蓝牙与其他设备进行消息交流。

通过该应用程序,用户可以使用自己的Android手机与配对的蓝牙设备进行实时通信,用户可以发送文本消息,并接收其他设备发送的消息。

这个应用程序将提供一个简单的界面,用户可以在界面上输入要发送的消息,并通过蓝牙将其发送给其他设备。此外,该应用程序还将支持接收其他设备发送的消息,并进行展示。

通过这个项目,我们将学习如何使用App Inventor中的蓝牙组件来建立蓝牙连接,并实现消息的发送和接收功能。我们还将了解如何展示蓝牙连接的状态,并通过用户界面来展示消息的交互过程。

1. 了解蓝牙客户端和蓝牙服务器的区别。
2. 熟悉列表选择框(下拉框)组件的属性设置。
3. 掌握蓝牙客户端和蓝牙服务器组件收发信息的基本使用。
4. 掌握使用计时器组件实现反复轮询接收。

(一) 项目分析

在本项目中,我们完成一个蓝牙消息收发器App,需要完成的主要任务如下:

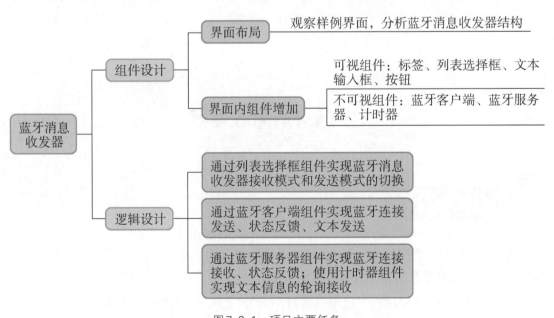

图7-2-1　项目主要任务

（二） 组件设计

1. 开始一个新的项目。

新建项目，以"BlueToothConnect"命名（见图7-2-2）。

图 7-2-2 项目新建页面

2. 观察样例，思考界面中组件布局。

观察样例界面截图，我们在完成如图7-2-3所示基于蓝牙的近距离消息收发功能时，App的界面中需要包含哪些组件呢？

图 7-2-3 项目样例界面截图

3. 用户界面组件添加。

在样例界面中,可以清楚地看到用户界面中有12个可视组件和3个非可视组件。

用户界面包含的12个可视组件分别为7个标签、2个列表选择框、2个文本输入框和1个按钮。其中,界面共有7个标签,第1个标签用于显示这款应用的名称和整体功能,即"蓝牙消息收发器",随后5个标签用于显示这款应用各个部分的功能,包括"模式选择""蓝牙链接状态显示""蓝牙选择""消息发送""消息接收",界面另有1个标签用于显示蓝牙链接状态。此外,2个列表选择框分别实现下拉选择模式和下拉选择蓝牙;2个文本输入框用于编辑或显示发送和接收的消息。另有1个按钮实现消息发送的确认。

表7-2-1　可视组件一览表

类　型	所属类别	名　称	作　用
标　签	用户界面	整体功能说明标签	让用户了解应用的整体功能
标　签	用户界面	各部分功能说明标签	让用户了解模式选择功能实现区域
标　签	用户界面	各部分功能说明标签	让用户了解蓝牙连接状态显示区域
标　签	用户界面	各部分功能说明标签	让用户了解蓝牙选择功能实现区域
标　签	用户界面	各部分功能说明标签	让用户了解消息发送功能实现区域
标　签	用户界面	各部分功能说明标签	让用户了解消息接收功能实现区域
标　签	用户界面	蓝牙连接状态标签	让用户了解当前蓝牙连接状态
列表选择框	用户界面	模式选择下拉框	让用户选择使用发送/接收模式
列表选择框	用户界面	蓝牙选择下拉框	让用户选择需要连接的蓝牙设备
文本输入框	用户界面	自定义消息输入框	用户在此输入需要发送的自定义的消息内容
文本输入框	用户界面	消息接收框	用户在此查看接收到的消息内容
按　钮	用户界面	发送按钮	用于确认并发送编辑好的消息

按照以下方式设置组件属性:

• 设置整体功能说明标签的显示文本属性为"蓝牙消息收发器",字号:28,宽度:充满,文本对齐:居中,粗体;

• 设置各部分功能说明标签的显示文本属性分别为"模式选择:""蓝牙状态:""蓝牙选择(发送模式使用):""消息发送(发送模式使用):""消息接收(接收模式使用):",字号:20,粗体;

• 设置蓝牙连接状态标签的显示文本属性分别为"未连接",字号:15,宽度:充满,文本对齐:居中,粗体;

● 设置列表选择框的元素子串的宽度为充满,另外蓝牙选择的列表选择框需设置元素子串为"发送模式,接收模式";

● 设置自定义消息文本输入框的显示文本属性为空,以便用户自定义输入,宽度:充满,提示:请输入需要发送的消息;

● 设置消息接收文本输入框的显示文本属性为空,等待消息接收,宽度:充满,提示:未接收到信息;

● 设置发送按钮的显示文本属性为"发送",宽度:充满,文本对齐:居中。

应用中还包含三个非可视组件:蓝牙客户端、蓝牙服务器、计时器,它们将出现在"不可视组件"区。

表7-2-2　不可视组件一览表

组件类型	所属类别	名　称	作　用
蓝牙客户端	通讯连接	蓝牙客户端1	处理蓝牙连接发送、消息发送
蓝牙服务器	通讯连接	蓝牙服务器1	处理蓝牙连接接收、消息接收
计时器	传感器	计时器1	用于轮询接收消息

（三）逻辑设计

1.模式选择下拉列表组件。

列表选择框组件是一个用于显示列表选项并允许用户从中选择的组件,它提供了一系列的属性、方法和事件,使你能够创建和管理列表选择框。

在本项目中,模式选择下拉列表组件通过预先设定元素子串为"发送模式,接收模式",实现用于对两种模式的选择。

随后需要根据用户的不同选择分别进行处理:

① 如果用户选择的是发送模式,即模式选择下拉框的选中项为"发送模式"时,我们需要设置蓝牙选择下拉框的元素为蓝牙客户端的地址及名称,即当前能够搜索到的蓝牙消息,供用户进行进一步选择。

② 如果用户选择的是接收模式,即模式选择下拉框的选中项为"接收模式"时,我们需要调用蓝牙服务器接收连接。

2.蓝牙客户端组件。

蓝牙客户端组件是一个用于与蓝牙设备进行通信的组件。它提供了一系列的方法和事件,使你能够连接到蓝牙设备并发送、接收数据。请注意,使用蓝牙客户端组件需要在应用程序的权限设置中添加蓝牙权限,并且设备必须具备蓝牙功能和已配对的蓝牙设备才能进行通信。

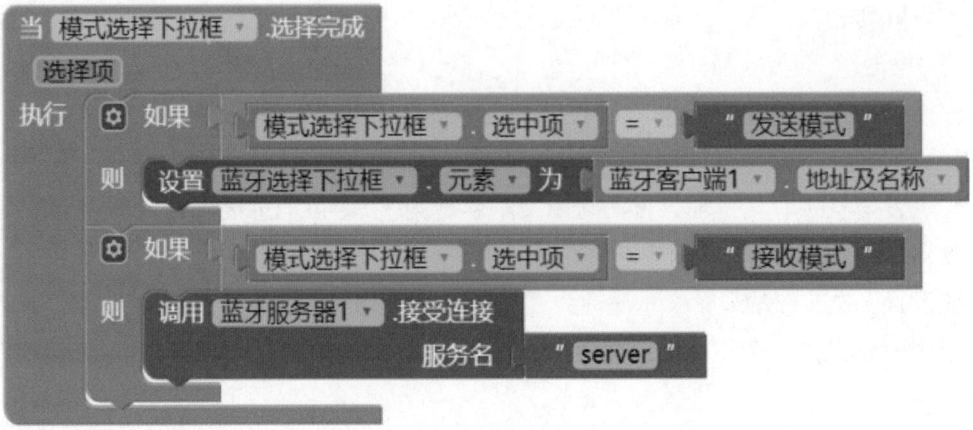

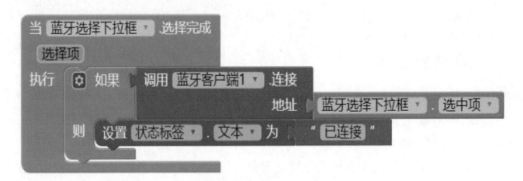

图7-2-4　模式选择下拉列表组件逻辑设计

在蓝牙客户端的逻辑设计中，我们可以调用连接地址模块实现蓝牙的连接，调用过程中需要设置连接地址，一旦连接建立成功，你可以使用蓝牙客户端组件提供的其他方法和事件来发送和接收数据，以实现更多的功能和交互。

图7-2-5　蓝牙客户端组件逻辑设计

当用户通过蓝牙选择下拉框选定完成，我们则需要调用蓝牙客户端连接这个蓝牙选择下拉框的选中项，即用户选中的蓝牙信号。同时，完成上述步骤后，状态标签随之修改为文本"已连接"。

3. 发送按钮组件。

用户界面中的消息发送文本输入框允许用户输入自定义的消息内容。当用户点击发送按钮后，自定义的消息内容将通过蓝牙客户端进行文本发送，状态标签随之修改为文本"已发送"。

4. 蓝牙服务器组件。

蓝牙服务器组件是一个用于创建蓝牙服务器并接受蓝牙设备连接的组件。它提供了一系列的方法和事件，使你能够监听和处理来自蓝牙设备的连接和数据。请注意，使用蓝

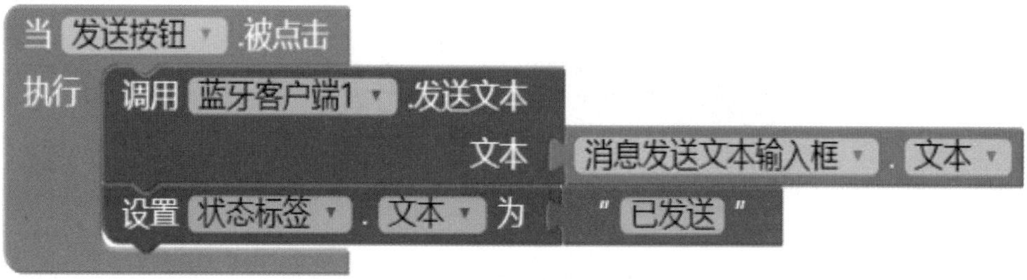

图7-2-6 发送按钮组件逻辑设计

牙服务器组件同样需要在应用程序的权限设置中添加蓝牙权限,并且设备必须具备蓝牙功能才能进行通信。

当蓝牙服务器接收到连接后,我们需要将状态标签随之修改为文本"已连接",同时启用计时器,即设置计时器的启用计时为真,开始准备接收消息。

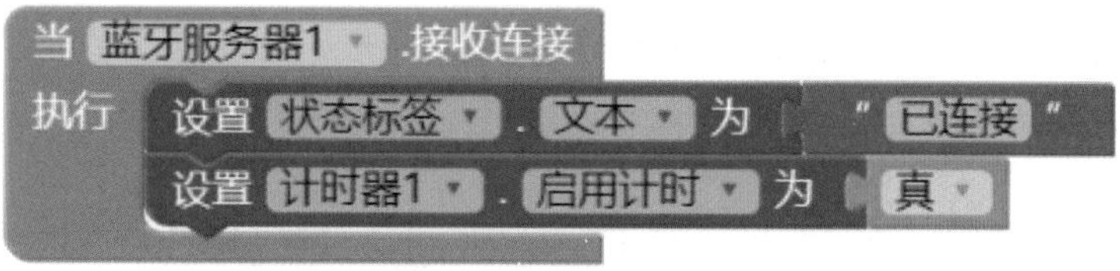

图7-2-7 蓝牙服务器组件逻辑设计

除了通过蓝牙服务器判断是否已接收连接外,同样可调用它的获取字节数模块判断是否有消息传入,如果获取字节数大于0,则说明已有消息传入,需要进行处理,具体在计时器组件的逻辑设计中进行实现。

5.计时器组件。

项目通过计时器组件不断进行消息接收,如若接收到消息,即蓝牙服务器的获取接收字节数大于0的时候,我们将调用蓝牙服务器的接收文本,赋值给消息接收框的文本(传入的文本的字节数与蓝牙服务器的获取接收字节数相同,即全部传入),从而实现接收到消息的展示。同时状态标签随之修改为文本"已接收"。

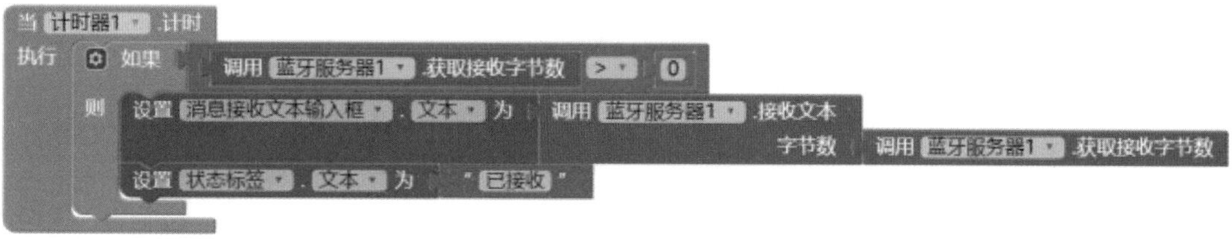

图7-2-8 计时器组件逻辑设计

完整代码如图7-2-9。

图7-2-9 项目完整逻辑设计

现在我们可以将项目打包下载安装到你的安卓手机上，一台安卓手机作为发送端，一台手机作为接收端，看看自己所编写的蓝牙消息收发器能不能实现效果？

是否可以基于蓝牙的连接功能，设计遥控器，以实现对硬件设备的控制？

拓展练习

通信是智能移动设备重要的功能之一。假如你是一名导游，需要在集合点对你的团员进行点名，请设计一个蓝牙点名App，以方便确认集合情况。

第8章 人工智能创意编程

人工智能（Artificial Intelligence，英文缩写为AI）是研究、开发用于模拟、延伸和扩展人的智能的理论、方法、技术及应用系统的一门新的技术科学。在生活中，人工智能主要有机器视觉、语音识别、自然语言处理和推荐系统等方面的应用。本章中，我们将通过语音翻译器、水果识别器等实践活动，来熟悉 App Inventor 中的人工智能创意编程。由于本章课程涉及部分较新的组件和模块，建议你在 code.appinventor.mit.edu 上进行编程创作。

第1节 语音翻译机

语音翻译机是指将一种语言的单词和语句段落翻译成另一种语言，并能以语音形式传递给用户的一个软件。在这个"语音翻译机"应用中，当我们对着移动设备说中文时，它可以翻译成英语并朗读出来。该应用程序适用于国外旅游和英语学习等场合。

在本活动中，我们将运用人工智能中的语音识别技术和语音合成技术，并通过翻译组件进行文本翻译，来制作从汉语到英语的语音翻译机。

1. 理解人工智能中语音识别技术和语音合成技术的含义以及在生活中的应用。
2. 熟练使用语音识别器组件、文本语音转换器组件、翻译组件及其模块进行编程设计。

3.通过分析不同情况下的语音识别结果,加深对语音识别的认知,深入了解人工智能。

（一）项目分析

在这个应用程序中,按下"开始识别"按钮后,我们可以对着应用程序说一段话。程序会识别并自动翻译成英语,且以语音的方式播放出来。

程序界面如图8-1-1所示。

图8-1-1

在本项目中,我们需要完成的主要任务如图8-1-2所示。

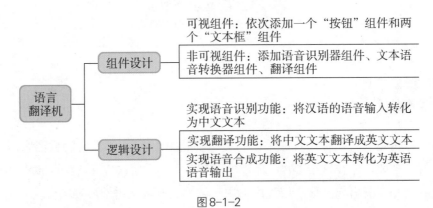

图8-1-2

（二）组件设计

在项目界面中,单击"新建项目"按钮,在命名项目对话框中输入项目名称"Voice-Translator"并确定。如图8-1-3所示。

语音翻译机应用程序的界面由可视组件和非可视组件两部分组成。

通过观察样例界面截图,我们发现可视组件包括一个按钮和两个文本框。界面中需要添加的组件及其属性设置如下。

图 8-1-3

组件属性

原文文本框

背景颜色
■ 默认

启用
☑

粗体
☐

斜体
☐

字号
14.0

字体
默认字体 ▾

高度
100像素...

宽度
充满...

提示

允许多行
☑

仅限数字
☐

ReadOnly
☐

文本

文本对齐
居左：0 ▾

图 8-1-4

1. 可视组件添加。

（1）将Screen1的"应用名称"和"标题"属性修改为"语音翻译机"。

（2）选择【用户界面】的"按钮"组件，将其拖拽至工作面板中，重命名为"开始识别按钮"，"字号"属性修改为"30"，"宽度"属性修改为"充满"。

（3）选择【用户界面】的"文本输入框"组件，将其拖拽至工作面板中，重命名为"原文文本框"，"宽度"属性修改为"充满"，"高度"属性修改为"100像素"，"提示"属性清空，"允许多行"属性打上钩。在组件属性面板中如图8-1-4设置。

（4）同样方法再拖拽"文本输入框"，重命名为"译文文本框"，其他属性设置和上面前一个文本框一致。

工作面板中可视组件布局和控件列表如图8-1-5。

图 8-1-5

127

2. 非可视组件添加。

根据功能分析得知，还要添加【多媒体】中的语音识别器、文本语音转换器和翻译三个非可视组件，如图8-1-6所示，这三个组件属性不用修改。

图8-1-6

小贴士

语音识别和语音合成

语音识别是将语音传给机器，机器利用人工智能技术进行识别，得到与语音对应的文字的过程。它让机器具有了听觉能力。语音识别技术为我们的生活带来了很大的便利，例如我们可以用语音告诉车上的导航目的地，导航仪会根据识别结果自动提供一条最优的路线。许多应用都是在语音识别的基础上结合其他技术实现的。在App Inventor中，语音识别器组件可以调用移动设备上的语音识别模块。如果移动设备上没有安装语音识别程序而运行该组件的话，会报错。所以在使用语音识别器组件之前，需要先安装好"讯飞语记"等语音识别App。

语音合成，又称文语转换（Text To Speech，TTS），应用了这种技术的机器能够将文字转化为标准、流畅的语音，相当于给机器安上了一个人工嘴巴，使机器能像人一样开口说话。在App Inventor中，文本语音转换器组件可以调用移动设备上的语音合成模块，对文字进行念读。不同的移动设备可能具有不完全一致的语音库。

（三）逻辑设计

下面开始对应用程序进行编程。请点击屏幕右上角的"逻辑设计"按钮，切换到"逻辑设计"界面。点击按钮后，该应用程序按顺序完成语音识别、翻译和语音合成三个功能。

1. 语音识别功能。

在按钮被点击后，调用手机中的语音识别器来识别语音。识别完成后，将识别的结果存放在原文文本框中，如图8-1-7所示。

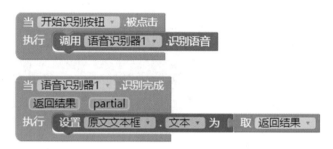

图8-1-7

2. 翻译功能。

当原文文本框获取到识别结果后，立即调用翻译模块，对原文进行"中文到英文"的翻译。翻译完成后，将译文结果存放在译文文本框中，如图8-1-8所示。

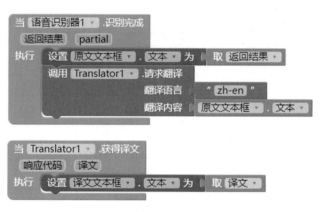

图8-1-8

小贴士

翻译组件和模块

使用翻译组件可以在不同语言之间进行单词和句子的翻译。请注意，该组件需要互联网访问,因为它需要从远程服务器请求翻译。我们使用两个字母的语言代码来指定源语言和目标语言。例如,"zh-en"表示从中文翻译为英文,其中,zh代表中文,en代表英文,ja代表日文,es代表西班牙文,ru代表俄文,等等。翻译完成后,将触发"获得译文"事件。

3. 语音合成功能。

最后调用文本语音转换器,对译文进行语音合成。该组件可以朗读多种语言文本。在此情况下,将组件的语言设置为"en",表示使用英语进行文本的语音合成,如图8-1-9所示。

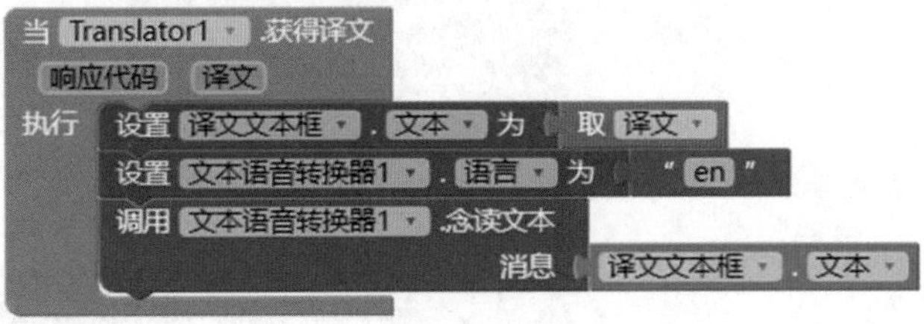

图8-1-9

完整程序模块如图8-1-10所示。

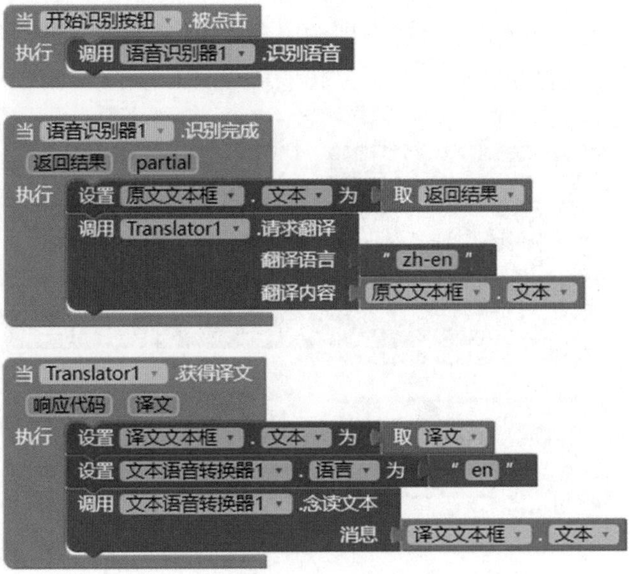

图8-1-10

拓展思考

根据样例思路,除了将中文翻译成英文的功能之外,你可以添加将英文翻译成中文的功能（可以通过不同的按钮来实现不同的功能）。另外，你还可以添加更多的语种，实现多种语言之间的互译。

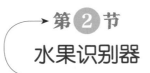

第2节
水果识别器

图像识别是人工智能的一个重要组成部分，是指利用计算机对图像进行处理、分析和理解。图像识别有许多应用，如人脸识别、物体识别、文字识别、手势识别等。目前在手机的应用市场中，有一类是物体识别软件，类似于"识花君"、植物识别等软件，采用基于机器学习的图像分类技术，能根据移动终端拍摄到的图像进行自动分类，判断可能是哪一种物体。

本活动以水果分类为例，结合图像分类技术，制作一个能自动辨识出各类水果的移动应用程序，同时提示该水果的营养价值。

1.理解机器学习、图像分类技术的概念及该技术在生活中的应用。

2.理解在图像分类中的机器学习流程，能利用平台生成机器学习的数据模型。

3.熟练使用Personal Image Classifier.aix外部拓展组件创建图像分类应用程序。

（一）项目分析

在这个应用程序中，按下"识别"按钮，程序就对摄像头所拍摄到的图片进行识别，判断是哪一种水果，并显示该水果的营养价值。

程序界面如图8-2-1所示：

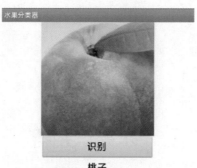

图 8-2-1

在本项目中,我们需要完成的主要任务如图 8-2-2 所示:

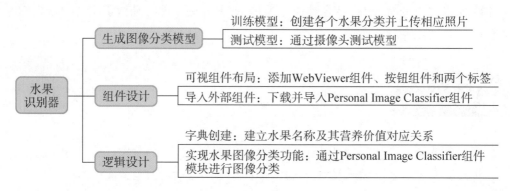

图 8-2-2

(二)生成图像分类模型

(1)训练模型

首先,需要训练图像分类模型。打开 App Inventor 的图片分类网站(https://classifier.appinventor.mit.edu/),单击加号图标创建各个水果图片的标签,例如:苹果、香蕉、生梨、橘子、桃子等五类,随后打开电脑摄像头使用 Capture(捕获)按钮为每个水果类别拍摄 20—30 张左右图像,可以拍摄水果的不同角度的图片。或者还可以将水果图片拖到相应的捕获框中,同样可以进行图片的添加。所有的标签都完成添加图片示例后,单击右上角的 Train(训练)按钮,如图 8-2-3 所示:

图8-2-3

机 器 学 习

　　机器学习是实现人工智能的一种方法,它通过机器模拟人类学习的能力来提高自身完成特定任务的能力。在机器学习中,图像分类是一个非常重要的组成部分。例如,对于自动驾驶汽车来说,它需要立即对所看到的图像进行分类,识别出行人、交通信号灯等物体。

　　训练机器学习程序进行图像分类是一种流行的方法。以区分猫和狗的图像为例,你可以提供许多已标记为猫或狗的图像来训练程序。通过大量的样本,程序将学会"知道"哪些图像是狗,哪些图像是猫。需要注意的是,每个类别中需要有足够多的示例,否则程序将没有足够的信息来可靠地对新图像进行分类。一旦程序通过足够的图像训练,就可以给它一个训练时没有用过的新图像来测试它的分类结果是否正确。

（2）测试和导出模型

　　"训练"完成后便生成了一个模型,我们可以对训练的模型进行测试,点击Capture按钮进行拍照后,会自动对拍摄的图片进行判断分类。我们可以查看测试结果是否正确,如图8-2-4所示。

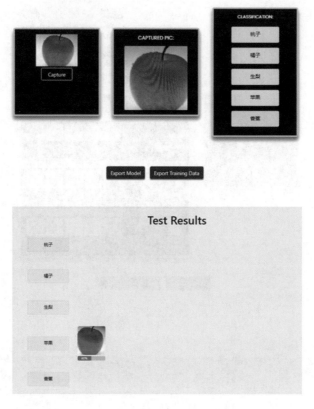

图 8-2-4

如果对测试结果不太满意,可以返回训练页面,添加更多的图像样本。重复以下步骤:添加图像样本、训练模型、测试图像、查看结果。当对测试结果满意时,可以点击"导出模型"按钮,将model.mdl文件导出保存到计算机中。

(三)组件设计

在项目界面中,单击"新建项目"按钮,在命名项目对话框中输入项目名称"Fruit-Recognition"并确定,如图8-2-5所示。

图 8-2-5

水果识别器应用程序的界面由可视组件与非可视组件两部分组成。

通过观察样例界面截图我们发现，可视组件包括一个摄像头画面（web浏览框组件）、一个按钮和两个标签组成。界面中需要添加的组件和相应属性设置如下。

1. 可视组件添加。

（1）将Screen1的"应用名称"和"标题"属性修改为"水果识别器"，将"水平对齐"修改为"居中−3"。

（2）选择【用户界面】的"web浏览框"组件，将其拖拽至工作面板中，"宽度"和"高度"属性都修改为"230像素"。

（3）选择【用户界面】的"按钮"组件，将其拖拽至工作面板中，重命名为"识别按钮"，字号修改为20，文本修改为"识别"并将宽度修改为230像素。

（4）再从【用户界面】中拖拽两个标签，分别重命名为"水果名称标签"和"水果营养价值标签"。将"水果名称标签"的字号修改为18。将"水果营养价值标签"的字号修改为18，宽度修改为230像素，高度修改为充满。最后将两个标签的文本清空。

工作面板中可视组件布局和控件列表如图8-2-6所示：

图8-2-6

2. 导入外部组件。

程序的非可视组件为"Personal Image Classifier.aix"外部拓展组件。

为了让App Inventor具有额外的附加功能，可以通过导入拓展组件的方式对App Inventor进行拓展。这里为了增加图像识别功能，可从App Inventor的拓展库（http://

appinventor.mit.edu/extensions）下载"Personal Image Classifier.aix"外部拓展组件，如图8-2-7所示。

图 8-2-7

下载后，通过App Inventor组件面板最下方的Import extension按钮将aix文件导入项目中。导入后，将该组件的"Model"属性选择上传之前训练的model.mdl文件，并将WebViewer属性设置为WebViewer1组件，组件属性如图8-2-8所示。

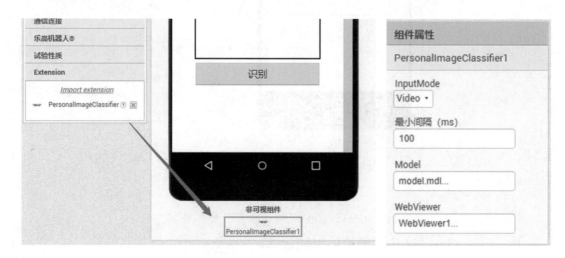

图 8-2-8

（四）逻辑设计

下面开始对应用程序进行编程，点击屏幕右上角的"逻辑设计"按钮，切换到"逻辑设计"界面。

1.创建字典类型的水果变量。

我们先通过网络搜集各种水果的营养价值资料，方便后续使用。

单击模块面板内置块中的"变量"并拖拽 初始化全局变量 变量名 为 到工作面板中，将模块中的"变量名"修改为"水果"。

再单击内置块中的"字典"并拖拽 make a dictionary key value key value 与之连接。单击 ⚙ 图标，将字典中的元素增加到5个。我们在每一个元素的key（键）和value（值）中都拖拽放入一个 " " 模块，key里面填写各个水果的名称，value里面填写各个水果相对应的营养价值。这样将水果名称和水果的营养价值建立起一一对应的关系。程序如图8-2-9所示。

图8-2-9

小贴士

字 典 类 型

字典类型就像它的名字一样，可以像字典一样去查找。字典的元素是成对出现的，我们称其为"键值对"。每个"键值对"都由一个key（键）和一个value（值）组成，它们是一一对应的关系。我们可以通过键来寻找对应的值，类似于在翻阅《新华字典》时，查找每个汉字的释义一样，这里的"字"就是键，对应的"释义"就是值。

2.调用Personal Image Classifier进行分类图像。

单击"识别按钮"后，开始调用Personal Image Classifier的分类图像，此时程序将会对移动终端摄像头拍摄到的内容进行图像分类操作。程序如图8-2-10所示。

3.得到结果后，显示水果名称。

当Personal Image Classifier分类完毕，它会返回一个结果，该结果呈现置信度最高三个

图 8-2-10

的名称及置信度，例如 { "生梨"：0.66927，"橘子"：0.14243，"苹果"：0.13086}，对于这样的结果，我们要取得的其实是 "生梨" 这两个字，因此我们需要对返回结果进行处理。选取结果中最高的那一项，也就是第一项。在第一项中，还有水果名称和置信度两个元素，我们再取其中的第一个元素，这样便得到了识别到的水果名称了，将水果名称标签的文本设置为该名称。程序如图 8-2-11 所示。

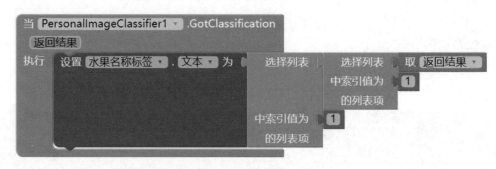

图 8-2-11

4. 通过字典查找营养价值。

最后我们通过字典查找到该水果的营养价值，显示在另一个水果介绍标签中。单击内置块中的 "字典" 并拖拽 模块，该模块就类似于查字典一样，在 key 后面接上水果名称标签的文本，也就是前面识别到的水果名称，in dictionary 后面接上 "水果" 变量，or if not found 后面接上 "没有找到" 文字。程序如图 8-2-12 所示。

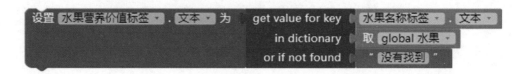

图 8-2-12

完整程序模块如图 8-2-13 所示。

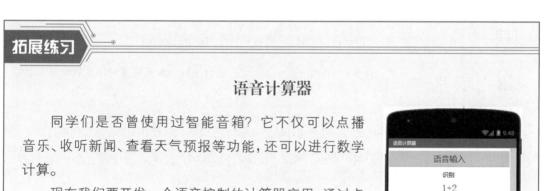

图8-2-13

参照样例思路，在原先移动应用程序的基础上，添加更多水果类型，同时新增语音朗读、双语显示等其他功能。

拓展练习

语音计算器

同学们是否曾使用过智能音箱？它不仅可以点播音乐、收听新闻、查看天气预报等功能，还可以进行数学计算。

现在我们要开发一个语音控制的计算器应用，通过点击语音输入按钮，用户可以通过语音告诉手机要计算的算式（例如：1+2）。然后，界面会显示用户说出的算式，并以文字和语音的形式告诉用户计算结果。这个语音控制的计算器可以在各种特殊场景中使用，比如视力受损的用户可以通过语音计算器口头进行数学计算，而无须手动输入算式。

根据下面的应用程序界面图，请同学们选择适当的组件进行编程设计，实现一个简单数字运算的语音计算器。

图8-2-14

附录一：App Inventor 组件

一、用户界面

图标	名称	功能
	按钮	用户通过触碰按钮来完成应用中的某些动作。按钮可以感知用户的触碰；可以改变按钮的某些外观特性。如启用属性可以决定按钮是否能够感知到触碰。
	复选框	复选框供用户在两种状态中做出选择。当用户触摸复选框时，将触发响应的事件。可以在设计视窗及编程视窗中设置它的属性，从而改变它的外观。
	日期选择框	一个按钮，点击后弹出窗口允许用户从中选择日期。
	图像	用于显示图像的组件，可以在设计视窗或编程视窗中设置需要显示的图片，以及图片的其他外观属性。
	标签	用来显示文字的组件。用标签的文字属性来设置将要显示的文字。其他属性用来控制组件的外观及位置，均可以在设计及编程视窗中进行设置。
	列表选择框	在用户界面上显示为一个按钮，当用户点击时，会显示一个列表供用户选择。
	列表显示框	该可视组件用于显示文字元素组成的列表。列表的内容可以用元素字串属性来设定，也可以在编程视图中使用元素块来定义。
	对话框	对话框组件用于显示警告、消息以及临时性的通知。
	密码输入框	密码输入框供用户输入密码，将隐藏用户输入的文字内容（以圆点代替字符）。密码输入框与普通的文字输入框组件相同，只是不显示用户输入的字符。
	滑动条	滑动条由一个进度条和一个可拖动的滑块组成。可以左右拖动滑块来设定滑块位置，拖动滑块将触发"位置变化"事件，并记录滑块位置。滑块位置可以动态更新其他组件的某些属性，如改变输入框中文字的大小或球的半径等。

（续　表）

图　标	名　称	功　　　能
	下拉框	点击该组件时将弹出列表窗口。列表元素可以在设计及编程视图中通过元素字串属性进行设置，该字串由一组逗号分隔的字符串组成（如选项1，选项2，选项3），也可以在编程视图中将元素属性设置为某个列表。
	开　关	当用户点击该组件时，会触发开关切换事件。可以通过在设计和编程视图中设置属性的方式，改变组件外观。
	文本输入框	用户可以在其中输入文字的组件。文本框中的初始内容或用户输入内容就是它的文字属性，如果文字属性为空，可以设置提示属性来提醒用户需要输入的内容。提示的内容将以较浅的颜色显示在文本框中。
	时间选择框	一个按钮，当用户点击时，弹出窗口供用户选择时间。
	Web浏览框	该组件用于浏览网页，可以在设计或编程视图中设置默认的访问地址（URL），可以设定视窗内的链接是否可以响应用户的点击而转到新的页面。用户可以在视窗中填写表单。

二、界面布局

图　标	名　称	功　　　能
	水平布局	水平布局组件可以实现内部组件自左向右的水平排列，在垂直方向上居中对齐。如果希望内部组件自上而下排列，则需使用垂直布局组件。
	水平滚动条布局	此为水平布局组件的可滚动版。
	表格布局	使内部组件按照表格方式排列。
	垂直布局	垂直布局组件可以实现内部组件自上而下的垂直排列，最先加入的组件在顶部，后面的组件依次向下排列。如果希望内部组件自左向右排列，则需使用水平布局组件。
	垂直滚动条布局	此为垂直布局组件的可滚动版。

三、多媒体

图　标	名　称	功　　　能
	摄像机	该组件可以利用设备的摄像机记录视频。记录完成后，将触发录制完成事件，记录的视频剪辑保存在设备上，其文件名将成为事件的参数。文件名也可以被设定为某个视频播放组件的源属性。

（续　表）

图　标	名　称	功　　能
	照相机	照相机组件是非可视组件,可以使用设备上的照相机进行拍照。拍照结束后将触发拍照完成事件,照片保存在设备中,其文件名将成为事件的参数。该文件也可以作为某个图像组件的图片属性。
	图片选择框	该组件是一个专用的按钮,当用户点击它时,将打开设备上的图库,显示其中的图片,供用户进行选择。当用户选中图片后,图片被保存到SD卡,组件的选中属性被设定为图像的文件名。为了节省存储空间,只允许在SD卡上保存10张图片,如果超过10张,将按顺序删除最早选取的图片。
	音频播放器	多媒体组件,可以播放音频,并控制手机的振动。在设计及编程视图中,用源属性来定义音频来源,振动的时间长度(毫秒数)需要在编程视图中设定。该组件适合于播放长的音频文件,如歌曲,而声音组件更适合于播放短的文件,如音效。
	音效播放器	多媒体组件,可以播放声音文件,并使手机产生数毫秒的振动(在编程视窗中设定)。在设计或编程视窗中,都可以设定要播放的音频文件。声音组件更适合于播放短小的声音文件,如音效;而音频播放组件更适合于播放较长的音频文件,如歌曲。
	录音机	用于录制声音的多媒体组件。
	语音识别器	使用Android设备的语音识别功能,收听用户的讲话,并将语音转化为文字。
	语音合成器	让设备将文字用语音读出来。
	语言翻译器	该组件用于将词语翻译为不同的语言。由于需要向服务器发送翻译请求,因此需要提供访问互联网的能力。应该以源−目标形式指定需要翻译的源语言和目标语言,如es-en表示将西班牙语翻译为英语,es-ru表示将西班牙语翻译为俄语。如省略了源语言设置,该服务将会尝试侦测其源语言类型。注意:翻译工作是在后台以异步方式执行的,完成后,会触发获得译文事件。
	视频播放器	该组件用于播放视频的多媒体组件,在应用中显示为一个矩形方框,用户触摸矩形时,将出现控制箭头:播放/暂停、快进、快退。应用中也可以使用播放,暂停,and寻找等方法来控制播放。视频文件必须为wmv、3gp或mp4格式。限定单个视频文件不能超过1 MB,应用的总量不能超过5 MB,而且5 MB不能都用于媒体文件。你也可以将播放组件的源属性设置为URL地址,来播放网络上的视频资源,但URL必须指向视频文件本身,而不是视频播放程序。

四、绘图动画

图　标	名　称	功　　能
	球	该组件是一个圆形的精灵,可被放置在画布上,并与外界进行交互。

（续　表）

图　标	名　称	功　　　能
	画布	一个二维的、具有触感的矩形面板，可以在其中绘画，或让精灵在其中移动。可以在设计或编程视图中设置其背景色、画笔颜色、背景图、宽、高等属性。宽和高必须为正值，以像素为单位。画布上的任何一点都可以表示为一对坐标(x,y)。画布可以感知触摸事件，并获知触碰点，也可以感知对其中精灵(图像精灵或球)的拖拽。此外，组件还具有画点、画线及画圆的方法。
	精灵	精灵可以也只能被放置在画布内，精灵有多种响应行为：它可以回应触摸及拖拽事件，与其他精灵(球及其他精灵)及画布边界产生交互；再次，它具有自主行为：根据属性值进行移动；它的外观由图片属性所设定的图像决定。

五、地图应用

图　标	名　称	功　　　能
	圆	利用该组件，以指定半径在某定点画圆，半径单位为米。点击并拖拽圆边缘上的手柄可以改变其大小，点击并拖拽其圆心可以改变其位置。
	特征点群	利用特征点收集器，可以显示地图上的一组特征点。为了使其获取相关数据，可以以素材方式为组件加载一个GeoJSON格式的文件(或通过代码设定一个网址)。
	线	利用该组件，可以在地图上绘制一系列线段。可以通过点击并拖拽组件的端点，使其在应用的设计界面中移动。也可以通过点击和拖拽其中点，将其分割为不同的部分。
	地　图	一个在背景上显示地图贴图的二维显示容器组件，允许使用多个标签元素标记地图上的点。地图数据由美国地质调查局以及OpenStreetMap的贡献者所提供。
	标　记	标记组件是用于标记地图上某个定点信息的组件。该组件通常会提供一个信息显示窗口，可定制其填充色、线条色以及用于向用户传达信息的图片等。
	导　航	导航组件。
	多边形	用于在地图上绘制任意形状的图形。当点击并拖拽其上的手柄时，可以移动多边形的顶点。而点击并拖拽各边中点上的手柄时，则能将各条边分割为两个部分。拖拽整个多边形，可改变其位置。
	矩　形	用于在地图上绘制包含东南西北四条边界的矩形。点击并拖拽矩形上的手柄，可以改变其尺寸。点击并拖拽整个矩形，可以改变其在地图上位置。

143

六、数据图表

图　标	名　称	功　能
	图　表	数据可视化组件。
	二维图表数据	用于容纳x、y坐标数据的组件。

七、传感器

图　标	名　称	功　能
	加速度传感器	可以用于侦测晃动以及加速度三个维度分量值的非可视组件。测量单位为米/秒^2。
	条码扫描器	利用条码扫描器读取条码信息的组件。
	气压传感器	用于测量环境气压的传感器组件。
	计时器	以手机内部时钟为基准提供时间信息的非可视组件,可用于以设定的间隔触发计时事件,以及执行与时间相关的计算、处理和转换。同时,还提供了将时间信息转化为特定格式化文本的方法。
	陀螺仪传感器	用于测量角速度值的非可视组件。使用此项功能必须具备两个条件,一是设备上安装了陀螺仪传感器,二是相关组件的启用属性被设为真。
	湿度传感器	用于测量环境湿度的传感器组件,但大多数安卓设备都没有配备该类器件。
	光传感器	用于测量环境光亮度的传感器组件。
	位置传感器	提供位置信息的非可视组件,提供的信息包括:纬度、经度、高度(如果设备支持)及街区地址,也可以实现"地理编码",即:将地址信息(不必是当前位置)转换为纬度(用由地址求纬度方法)及经度(用由地址求经度方法)。
	磁场传感器	用于测量地磁场强度的传感器组件,单位为特斯拉。
	近场通信传感器	提供近场通信(Near Field Communication)能力的非可视组件,目前该组件只支持文字信息的读写(如果设备也同时支持)。必须将组件的读模式属性在真与假之间转换,才能实现文字的读与写的操作。
	方向传感器	方向传感器用于确定手机的空间方位,该组件为非可视组件,以角度的方式提供下面三个方位值:翻转角、倾斜角、方位角。以上测量的前提是假设设备本身处于非移动状态。

（续　表）

图　标	名　称	功　能
	计步器	用于计算行走步数的组件,它通过加速度传感器感知运动并计算其步数,然后通过可调整的步幅参数,估算出行走的距离。
	接近传感器	用于测量外部物体相对于屏幕接近程度的非可视组件,一般用于检测手机与人耳的靠近程度。对于多数设备,可返回以厘米为单位的绝对距离,但也有些设备则只能返回接近和远离等两种状态,这种情况时,传感器一般会通报处于远离状态时所相对的最大范围值,以及处于接近状态时相应的范围值。
	温度传感器	用于测量户外环境温度的传感器组件,但大部分安卓设备都没有配备该类器件。

八、社交应用

图　标	名　称	功　能
	联系人选择框	一个按钮,当用户点击时,会显示联系人列表,从中选中某个联系人后,将显示此联系人的属性信息。
	邮箱选择框	该组件是一个文本框,当用户输入联系人的名字或Email地址时,手机上将显示一个下拉列表,用户通过选择来完成Email地址的输入。如果有许多联系人,列表的显示会耽搁几秒钟,并在给出最终结果前,显示中间结果。
	电话拨号工具	用来拨号并接通电话的组件。拨打电话组件是一个非可视组件,可以拨打电话号码属性中设定的号码,该属性可以在设计及编程视图中进行设置。也可以在应用中用程序调用拨打电话方法,来达到相同的目的。
	电话号码选择框	该组件是一个按钮,当用户点击时,将显示手机中的联系人列表;用户选中联系人后,联系人的相关信息被保存到属性中。
	信息分享器	该组件为非可视组件,用于在手机上不同应用之间分享文件及(或)消息,组件将显示能够处理相关信息的应用列表,并允许用户从中选择一项应用来分享相关内容。例如,在邮件类、社交网络类及短信类应用中分享某些信息。
	短信收发器	一个发送短信的组件,其内容属性用于设定即将发送的短信的内容,电话号码属性用于设定接收短信的电话号码,而发送短信方法用于将设定好的内容发往指定的电话号码。
	推特客户端	可以与Twitter进行通信的非可视组件。

九、数据存储

图标	名称	功能
	云数据库	提供向互联网数据库服务器（基于Redis）保存数据功能的非可视组件，适用于在用户间分享应用数据。默认情况下，数据将保存在由MIT维护的服务器上，但你可以设置并运行自己的服务器，同时将Redis服务器的"地址"和"端口"属性分别指向自己的服务器。
	数据文件	可用来读取CSV和JSON数据的组件类型，其中包含单独行或列提取数据的相关功能。并且可利用二维数据图表组件，将数据文件直接导入图表。也可在数据被成功加载和解析后，直接将其拖拽到图表组件上，以达到通过文件自动创建图表数据组件的目的。
	文件管理器	用于保存及读取文件的非可视组件，可以在设备上实现文件的读写。默认情况下，会将文件写入与应用有关的私有数据目录中。在AI伴侣中，为了便于调试，将文件写在/sdcard/AppInventor/data文件夹内。如果文件的路径以"/"开始，则文件的位置是相对于/sdcard而言，例如，将文件写入/myFile.txt，就是将文件写入/sdcard/myFile.txt。
	电子表格	电子表格是用于接收和存储来自谷歌电子表格服务接口数据的非可视组件。为确保可有效使用该组件，首先必须要具备一个谷歌开发者账号，其次必须在该账号下创建一个新项目，并为其开放API接口，最后还需为此接口创建一个服务账号，相关信息请查阅参考手册相关条目。
	本地数据库	本地数据库是一个非可视组件，用来保存应用中的数据。用App Inventor创建的应用，在每次运行时都会进行初始化：如果应用中设定了变量的值，当用户退出应用再重新运行应用时，那些被设定过的变量值将不复存在；而本地数据库则为应用提供了一种永久的数据存储，即，每次应用启动时，都可以获得那些保存过的数据。比如游戏中保存的最高得分，每次游戏中都可以读取到它。
	网络数据库	非可视组件，通过与Web服务通信来保存并读取信息。

十、通信连接

图标	名称	功能
	活动启动器	该组件通过调用启动活动对象（）方法，启动一个Android活动对象。
	蓝牙客户端	蓝牙客户端组件。
	蓝牙服务器	蓝牙客户端组件。
	串口通信器	用于与Arduino等设备进行串口连接通信的组件。
	Web客户端	非可视组件，用于发送HTTP的GET、POST、PUT及DELETE请求。

十一、乐高机器人

图　标	名　称	功　　能
	NXT电机 驱动器	该组件为乐高智能机器人提供了高层接口，用于控制机器人的移动及转向。
	NXT颜色 传感器	该组件为乐高智能机器人提供了一个访问颜色传感器的高层接口。
	NXT光线 传感器	该组件为乐高机器人的光线传感器提供高层访问接口。
	NXT声音 传感器	该组件为乐高机器人的声音传感器提供高层访问接口。
	NXT接触 传感器	该组件为乐高机器人的接触传感器提供高层访问接口。
	NXT超声波 传感器	该组件为乐高机器人的超声波传感器提供高层访问接口。
	NXT指令 发送器	该组件提供了乐高机器人的底层接口，可以向机器人发送直接指令。直接指令意味着应用程序不需要借助于机器人内部的系统指令，而是直接发送指令实现对机器人的控制。
	EV3电机 控制器	该组件为乐高EV3机器人电机提供高层和底层控制接口。
	EV3颜色 传感器	该组件为乐高EV3机器人颜色传感器提供高层访问接口。
	EV3陀螺仪 传感器	该组件为乐高EV3机器人陀螺仪传感器提供高层访问接口。
	EV3接触 传感器	该组件为乐高EV3机器人接触传感器提供高层访问接口。
	EV3超声波 传感器	该组件为乐高EV3机器人超音波传感器提供高层访问接口。
	EV3声音 播放器	该组件为乐高EV3机器人的声音播放功能，提供了高层控制接口。
	EV3界面 控制器	该组件为乐高EV3机器人的绘图功能，提供了高层控制接口。
	EV3指令 发送器	该组件为向乐高EV3机器人及系统发送指令或函数，提供了底层控制接口。

附录二：App Inventor内置模块

一、控制

模　块	功　能
	判断给定条件，如果条件成立，执行"则"后面的模块。
	判断给定条件，如果条件成立，执行"则"后面的模块；如果条件不成立，执行"否则"后面的模块。
	判断给定条件，如果条件成立，执行"则"后面的模块；在条件不成立的情况下再判断"否则，如果"后面的条件，如果结果成立，则按顺序执行第二个"则"后面的模块；如果条件不成立，则按顺序执行"否则"后面的模块。
	针对从（起始值，如1）到（终止值，如5）且增量为（指定值，如1）的每一个数，执行针对从起始值到终止值且增量为指定值的每一个数，都重复执行同样一组操作，每重复一次，数的值在现有基础上增加一个指定值。
	针对列表中的每一项重复运行"执行"部分中的模块。
	针对字典中的每个键值对重复运行"执行"部分中的模块。

148

（续　表）

模　块	功　能
当 满足条件 执行	判断给定条件，如果条件成立，则运行"执行"后面的模块，然后再次判断；如果条件不成立，则不再执行。
如果 则 否则	判断给定条件，如果条件成立，返回"则"后面的模块的值；如果条件不成立，返回"否则"后面的模块的值。
执行模块 返回结果	经常用在一个过程之中，或用在另一个块中。有时想通过某些操作来求得一个结果，但不想创建一个新过程，就可以用此模块达到同样的效果。
求值但忽略结果	提供了一个"伪插槽"，用于放置那种左边有插头但却找不到插槽的模块。放在"伪插槽"中的块会照常运行并返回结果，但结果将被弃之不用。
打开另一屏幕 屏幕名称 Screen1 ▼	根据所提供的屏幕名称打开另一个屏幕。
打开另一屏幕并传值 屏幕名称 Screen1 ▼ 初始值	打开另一个屏幕，并传递初始值给新打开的屏幕。
获取初始值	获取从前一个屏幕传递给当前屏幕的初始值。
关闭屏幕	关闭当前屏幕。
关闭屏幕并返回值 返回值	关闭当前屏幕，并传一个返回值。
退出程序	退出应用程序。
获取初始文本值	当其他应用调用该屏幕时，获取调用者传来的文本信息。如果调用者没有传递文本信息，则返回空文本。
关闭屏幕并返回文本 文本值	关闭当前屏幕，并传文本值。
break	提前退出循环。

二、逻辑

模　块	功　能
真 ▼	布尔类型的两个常量值（真、假）之一：真，用于设置组件的某些布尔型属性的值，或作为条件判断类变量的值。

（续　表）

模　块	功　　能
假 ▼	布尔类型的两个常量值（真、假）之一：假，用于设置组件的某些布尔型属性的值，或作为条件判断类变量的值。
非	执行否定运算的逻辑运算符：如果原值为真，则返回值为假；如果原值为假，则返回值为真。
＝ ▼	检验其中的两个参数是否相等。
与 ▼	检验两个逻辑表达式的值是否都为真。当且仅当两者都为真时，返回值为真；若其中一个为假，则返回值为假。
或 ▼	检验两个逻辑表达式的值中是否有一个为真。只要有一个为真，则返回值即为真。

三、数学

模　块	功　　能
0	可以是0、任何正数或负数（包括小数）。
decimal ▼ 0	默认表示十进制数字，可更改数字。 下拉列表可以得到十进制、二进制、八进制和十六进制输入格式。
＝ ▼	默认为判断两个数字是否相等，并返回真或假。可改成其他符号。
＋ ▼	求多个数值块相加的结果。 模块可以扩展，包含更多的数字。
－	求两个数值块相减的结果。
× ▼	求多个数值块相乘的结果。 模块可以扩展，包含更多的数字。
/	求两个数值块相除的结果。
^	求幂运算的结果。
bitwise and ▼	求位运算函数。
随机整数从 1 到 100	返回一个一定范围内（例如1到100）的随机整数。
随机小数	返回一个0到1之间的随机小数。
设定随机数种子 为	每个种子数会生成固定的随机数，因此如果设定一组固定的种子数，将生成一组固定的随机数。

（续　表）

模　块	功　能
最小值	在一组数字中求出最小值。如果该块中有空插槽，则空插槽的值被视为0。
平方根	求给定数的平方根。
绝对值	求给定数的绝对值。
相反数	求给定数的相反数。
四舍五入	求给定数四舍五入取整的值。
上取整	返回大于或等于给定数的最小整数。
下取整	返回小于或等于给定数的最大整数。
求模　÷	返回模运算的结果。
sin	求给定角度的正弦函数。
cos	求给定角度的余弦函数。
tan	求给定角度的正切函数。
atan2 y x	对于给定的数值x与y，返回y/x的反正切函数值。
角度<——>弧度　弧度——>角度	角度值与弧度值的转换。
将数字 转变为小数形式 位数	对于给定的数字，设定其小数点后保留的位数，位数值必须是非负的整数，超出位数的小数部分将依据四舍五入的原则进位，不足的位数将添0补齐。
是否为数字?	如果是数字对象，则返回值为真，否则为假。
convert number base 10 to hex	对数字进行进制转换。

四、文本

模　块	功　能
" "	字符串，可以包含任何字符（字母、数字或其他特殊字符）。

（续　表）

模　块	功　能
合并字符串	将给定的若干个字符串合并组合成一个字符串。
求长度	返回字符串中包含的字符个数（包括空格），这也被称作字符串的长度。
是否为空	返回字符串中是否包含字符（包括空格），当字符串长度为0时，返回值为真，否则为假。
字符串比较 <	返回两个字符串的顺序关系：＜、＞或＝。按照字典顺序（也就是字母表的顺序），越靠后面的值越大，同一个字母，大写＜小写。
删除空格	删除字符串中的空格。
大写	将字符串中所有字母转换为大写字母并返回。
求子串 在文本 中的起始位置	返回一个数字，表示子串在整个文本中首次出现时，第一个字符的位置，如果子串没有出现，则返回值为0。
检查文字 文本是否包含子串 子串	如果文本中包含子串，则返回值为真，否则为假。
分解 文本 分隔符	用给定的分隔符将给定的文本分解为若干个部分，并以列表的形式返回。
用空格分解	用空格为分隔符将给定文本分解为若干部分，并以列表的形式返回。
从文本 第 位置提取长度为 的子串	从给定的文本中提取指定起点和指定长度的文本片段。
将文本 中所有 全部替换为	用给定的替换字串替换给定的文本中的所有指定的子串，并返回替换后的新文本。
模糊文本 " "	在创建包含机密信息（例如API密钥）的应用程序时使用此选项。
is a string? thing	如果是文本对象，则返回值为真，否则为假。
replace all mappings in text preferring longest string first order	给定一个映射字典作为输入，将文本中的键条目替换为字典中的相应值，返回应用了映射的文本。

五、列表

模　块	功　　能
⚙ 创建空列表	创建一个没有任何元素的空列表。
⚙ 创建列表	用模块来创建列表。如果不提供任何数据，则创建为空列表，后续可以为其添加元素。
⚙ 追加列表项 列表 列表项	向列表的末尾添加指定的列表项。
检查列表 中是否含对象	如果给定的数据是一个列表项，则返回值为真，否则为假。注意，如果列表中包含子列表，则子列表中的元素本身不是外层列表元素。
求列表长度 列表	返回列表中包含的列表项数。
列表是否为空? 列表	如果列表中没有列表项，则返回值为真，否则为假。
随机选取列表项 列表	从列表中随机选取一项。
求对象 在列表 中的位置	返回某项在列表中的位置。如果该项不在列表中，则返回值为0。
选择列表 中索引值为 的列表项	从列表中选取给定索引值的列表项。索引值从1开始。
在列表 的第 项处插入列表项	在指定位置向列表中添加一项。
将列表 中索引值为 的列表项替换为	在指定位置（索引值）向列表中插入替换项，并将原来该位置的项删除。
删除列表 中第 项	删除指定位置（索引值）的列表项。

（续 表）

模 块	功 能
将列表 中所有项追加到列表 中	将列表1中所有项追加到列表2中。
复制列表 列表	创建列表的副本,包括其中的所有子列表。
对象是否为列表? 对象	如果某数据是一个列表,则返回值为真,否则为假。
reverse list list	返回项目顺序相反的列表副本。
列表转换为CSV行 列表	将列表当作表格中的一行,并返回该行的CSV(逗号分隔值)文本。在行列表中的每一项都被当作一个字段,并用双引号包围写入CSV文本。
列表转换为CSV表 列表	将列表按照行优先的方式形成一个表格,并返回该表格的CSV(逗号分隔值)文本。列表中的每一项本身也是一个列表,在CSV表格中表示为一行。在行列表中的每一项代表一个字段,并用双引号包围着写入CSV文本。
CSV行转换为列表 文本	将CSV(逗号分隔值)格式的文本形成一个列表的行,在每行中又是一个字段的列表。
在键值对 中查找关键字 如未找到则返回 not found	在类字典结构的列表中查找信息。本操作需要三个输入值:一个关键字、一个键值对列表以及一个找不到时的提示信息。此处的键值对列表中的元素本身必须是包含两个元素的列表。查找键值对就是要在列表中找到第一个键值对(子列表),它的键(第一个元素)与给定的关键字相同,并返回其值(第二个元素)。如果列表中没有找到指定的键,则返回找不到中设定的信息;如果给定的列表本身不是键值对列表,则将提示出错。
join items using separator list	通过指定的分隔符连接指定列表中的所有元素,从而生成文本。

六、字典

模 块	功 能
create empty dictionary	用于创建一个没有任何键值对的字典。可以使用键块的设置值将条目添加到空字典中。
make a dictionary key value key value	用于创建一个字典,其中包含一组预先已知的配对。可以使用键的设置值来添加其他条目。

（续　表）

模　块	功　能
key ▯ value ▯	用于构造字典的专用块。
get value for key in dictionary or if not found " not found "	用于检查字典是否包含给定键的对应值。如果是，则返回值。否则，将返回未找到为参数的值。
set value for key in dictionary to	用于将字典中指定键的对应值进行设置。如果键不存在映射，则将创建一个新的映射。否则，现有值将被新值替换。
remove entry for key from dictionary	从字典中删除指定键条目。
get value at key path in dictionary or if not found " not found "	用于获取表示数据结构路径的有效键和数字的列表。
set value for key path in dictionary to	用于更新数据结构中特定键路径处的值。它是键路径的get值的镜像，用于检索特定键路径上的值。路径必须有效，但最后一个键除外，如果不存在映射，则将创建到新值的映射。否则，现有值将替换为新值。
get keys ▾	用于返回字典中的键列表。
get values ▾	用于返回包含字典中的值的列表。修改列表中值的内容也会修改字典中的值。
is key in dictionary? key dictionary	用于测试给定键是否存在于字典中，如果存在则返回真，否则返回假。
size of dictionary dictionary	用于返回字典中存在的键值对的数量。
list of pairs to dictionary pairs	因为字典比关联列表提供更好的查找性能，所以如果要对数据结构执行许多操作，建议先使用此块将关联列表转换为字典。
dictionary to list of pairs dictionary	用于将字典转换为关联列表。此块将对列表执行的转换转换为字典块。
copy dictionary dictionary	用于对给定词典进行深度复制。这意味着所有值都是递归复制的，在副本中更改值不会更改原始值。
merge into dictionary from dictionary	用于将键值对从一个字典复制到另一个字典，覆盖目标字典中的任何键。
list by walking key path in dictionary or list	用于创建一个值列表，而不是返回一个值。它的工作原理是从给定的字典开始，沿着给定的路径沿着对象树向下走。
walk all at level	该块是一个专用块，可以通过遍历关键路径在列表的关键路径中使用。
is a dictionary?	用于判断给定内容是否字典。如果是字典，则返回真，否则返回假。

七、颜色

模　块	功　　能
	一个带颜色的小方块，代表一种颜色。如果点击色块的中间部位，将弹出一个70个色块的调色格子，可以从中选择所需要的颜色；点击其中的某个颜色，将改变现有基本色块的颜色。
	合成颜色插槽中的数字代表了颜色的RGB值。列表中的第一个插槽代表R（红色）值，第二个为G（绿色）值，第三个代表B（蓝色）值，第四个为可选项，代表alpha（透明度）值，默认的alpha值为100。
	分解色值与合成颜色的作用相反，它从一种颜色中获取RGB值。颜色可以来自色块、包含颜色的变量或组件与颜色有关的属性（如背景色、文字颜色）等等。

八、变量

模　块	功　　能
	用于创建全局变量，可以接受任何类型的值。点击"变量名"可以修改变量名称。全局变量可以用在应用的所有过程及事件处理函数中，是一个独立的块。 在应用的运行过程中，可以对全局变量进行修改，可以在应用的任何部分被引用和修改，甚至在过程及事件处理函数之中。任何时候都可以对变量块进行重命名，所有引用过该变量原有名称的块将自动更新。
	可以取得定义过的任何变量的值。
	可以为定义过的任何变量进行赋值。

（续　表）

模　块	功　能
初始化局部变量 变量名 为 作用范围	用于在过程或事件处理函数中，创建一个或多个只在局部有效的变量，因此每当过程或事件处理函数开始运行时，这些变量都被赋予同样的初始值。
初始化局部变量 变量名 为 作用范围	用于有返回值的过程块中创建一个或多个局部有效的变量，因此每当过程开始运行时，这些变量都被赋予同样的初始值。

九、过程

模　块	功　能
定义过程 过程名 执行语句	**定义过程（执行指令）** 过程就是把一系列的块归为一组，并赋予它们一个名称——过程名。此后，当你想重复使用这组块时，只需调用过程名。定义过程块用来包装这样一组块，并允许为其命名。该块是一个可扩展块，当过程需要参数时，通过点击块上的蓝标，将参数拖出。
调用 过程名	一旦过程创建完成，过程抽屉中自动生成一个调用块，可以使用该块来调用此过程。
定义过程 procedure 返回	**定义过程（返回结果）** 与定义过程（执行指令）块相同，只是这里调用过程将返回一个结果。
call procedure	一旦过程创建完成，将生成一个带有插头的调用块。这是因为调用它的块将接收此过程块的运行结果。